# 脱カリスマの経営

吉田忠裕

東洋経済新報社

# 脱カリスマの経営　目次

## 第2章 ファスナー事業の海外発展

### カリスマが育てたＹＫＫ

## 第3章 建材事業の危機
### カリスマから離れる日

## 第4章

## 新しい経営スタンス
### カリスマ喪失後のミッション経営

## 第5章 ＹＫＫ ＡＰでの改革
### 建材事業で行った方針転換の実際

## 第6章
# 新時代に向けて YKKグループのビジョンとミッション

カバーデザイン／川畑博昭
本文レイアウト／㈱インツール・システム
写真／大隅智洋

プロローグ

# カリスマの呪縛から解き放たれるために

本書は、私が経営を行っているＹＫＫグループにおいて、現在も進行中の改革について述べたものです。

「ファスナーのＹＫＫ」と言えばご存知の方もいらっしゃるでしょうが、ファスナーの国内シェアは約九割を占め、お使いになっている洋服やカバンなど、皆さまの身近にある品々に一つは、ＹＫＫファスナーが用いられていることと思います。

あるいは、テレビＣＭなどで「ＹＫＫ　ＡＰ」という建材会社の名前をご記憶の方もいらっしゃるかもしれません。

現在、ＹＫＫグループはこのファスナーとアルミサッシなどの建材を二つの柱として運営している企業です。

ＹＫＫは私の父である吉田忠雄*によって創業され、ファスナーの製造販売を行う小さな会社としてスタートしました。一九五〇年代にはファスナーの国内シェアを一手に握り、一九六〇年代には積極的に海外へ進出し、そして八〇年代には世界のファスナー業界におけるトップの地位に立ちました。

現在では世界六〇カ国にファスナー事業を展開していて、世界シェアは第一位の四五％を占めており、おかげさまで「ファスナーのＹＫＫ」は世界の多くの国々で認知されております。

ＹＫＫのこの繁栄は吉田忠雄なくしてはあり得ず、そのため、彼はマスコミの方々などから「ファスナー王」と呼ばれることさえありました。

彼は独自の経営思想を基に強力なリーダーシップで会社を率い、またその経営思想を社員たちに伝える教師の役割を果たすことで幾多の人材を育てていきました。

ＹＫＫにおける彼の影響力は絶大であり、まさにカリスマとも呼ぶべき存在だったのです。

今から一〇年前、その吉田忠雄が亡くなり、私がＹＫＫの経営を引き継ぐこ

**吉田忠雄**

1908年富山県生まれ。YKKを創業し、世界的メーカーに育て上げ、「ファスナー王」と呼ばれる。1993年、84歳で死去。

とになりました。

ですが、私には先代のようなカリスマ性はありませんし、また、そのような役割を果たすべきだとも思いませんでした。

吉田忠雄の経営思想においてその中核となっていたのが、「善の巡環」という考え方です。これは、社会に利益をもたらす企業となることで、自らも繁栄しようというものでした。

ＹＫＫは吉田忠雄のこの精神により運営されてきた企業であり、それなくしてはこれからの経営もあり得ません。

しかしその一方で、かつての経営手法のなかには、時代やＹＫＫの現状に合わなくなっているものもあり、方針転換をしていくことも必要でした。

カリスマの思想を受け継ぎつつも、カリスマの築いた成功体験に縛られることなく改革を進めていく――。

これが、私を含めたＹＫＫの新しい世代に求められていた課題だったのです。

かつての日本には幾多の傑出した事業家がおられて素晴らしい企業を育てていき、経済大国と呼ばれるまでにこの国を繁栄させていきました。そうした企業も、創業者の世代から次の世代へと引き継がれる時代に入っています。

世代交代には難しい側面が多く、ことに先代が独自の経営思想を持った人であった場合、交代の仕方を誤れば、一気にそれまで築いた信用を失いかねません。私は身をもってそのことを感じており、自分たちを支えてきた精神基盤の重要性を痛感しています。

でも、単にそれまでの体制を受け継ぐだけでは危険です。時代は絶えず変化しており、それに柔軟に対応し自らを変えていかなければ、企業が生き残り更なる繁栄へと向かうことはできません。

日本企業の多くは創業者たちの手腕や経営思想により大きな成功を勝ち取り、日本を高度成長時代へと導きました。しかし、その成功体験が呪縛《じゅばく》となれば、新しい時代に対応することが難しくなってしまいます。

その呪縛を解き放つ改革をこれまで私は進めてきたのですが、その困難さを、現在の日本企業で働く多くの方々もまた、同様に感じていらっしゃるのではないでしょうか。

本書の出版は「第二回ミッション経営大賞*」を私がいただいたことが契機と

**ミッション経営大賞**
社会的使命（ミッション）に基づいた経営を展開し、顕著な成果をあげてきた企業家を表彰する制度。ミッション経営研究会（234ページ脚注参照）が2001年に創設。第1回の受賞者は堀場雅夫・堀場製作所会長。

なりました。「ミッション経営」[*]とは、社会的な使命感に原点を置いた企業経営のことで、これは吉田忠雄の「善の巡環」という経営思想に極めて近い考え方です。

現在のYKKグループは、カリスマによるミッション経営から、脱カリスマのミッション経営へと転換している段階だと言えるかもしれません。

私の行うべき改革は、まだ途半《みち》ばですが、今までのところの道筋を述べたのが本書です。

日本経済は、カリスマたちの成功体験の呪縛から解き放たれるべき時代に入っています。新しい時代を生きる読者の皆様に、この本が何かのご参考になるとすれば、これ以上の喜びはありません。

**ミッション経営**

世のため人のためという社会的使命（ミッション）を意識し、「事業活動を通じた社会貢献」を図っていく企業経営。慶應大学経営大学院教授・小野桂之介が1997年から提唱した。同氏の著書『ミッション経営のすすめ』および『ミッション経営の時代』に詳しい。

# 第1章 二代目経営者となるまで

## MBA体験と父の姿

この章では、私がYKKの経営を引き継ぐ以前のことについてお話しします。ビジネススクールや入社してしばらくのYKKでの経験を中心に、一人の事業家としての父・吉田忠雄とYKKが私にはどのように見えたかについて織り交ぜてご紹介します。そして、私がYKKで果たすべき役割について、どのような自覚を持つようになったかについても述べていきたいと思います。

## アメリカのビジネススクールへ

私は一九六九年に慶應大学の法学部を卒業して、まずアメリカのニューヨーク大学のビジネススクール*へ進み、翌年からはノースウエスタン大学のビジネススクール（ケロッグ・グラデュエイト・スクール・オブ・マネジメント、以下、ケロッグと略）へ転学し、二年後にそこを卒業しました。

私には元々アメリカへ行きたいという思いが強く、その一因となっていたのは、幼い頃から父である吉田忠雄から聞かされていた、「アメリカへ行け」と

**ビジネススクール**

経営大学院。アメリカではビジネス・エリートの登竜門といわれ、2年間の課程を修了するとMBA（経営学修士）が取得できる。

いう言葉だったかもしれません。この言葉の真意が、単に「アメリカで暮らせ」ということだったのか、それとも、「アメリカで働け」ということだったのかは分かりませんが、とにかく、私が小学生の頃から中学生の頃には、たびたび父にそう言われていたものです。

アメリカで私が最初に入学することになったニューヨーク大学のビジネススクールは、ウォールストリートに位置しており、その寮はグリニッジビレッジにありました。六九年当時はベトナム反戦運動が盛んな頃で、寮の内も外もヒッピーが溢れていて、とても勉強というムードではありませんでした。また、ウォールストリートという土地柄が物語るとおり、ニューヨーク大学のビジネススクールは金融関係や法律の方面に強い学校で、マネーゲームばかりに焦点が当たっていました。

そもそも、私がアメリカのビジネススクールで学びたいと思ったのはビジネスへの情熱があったからです。それも、マネーゲームやコンサルタントではなく、あくまでもメーカーの経営に興味がありました。

六月が終わるとビジネススクールは夏休みに入ります。この時期に私はサマ*

**サマージョブ**
夏休みを利用して学生が就業経験を積む制度。卒業前の短期採用により、企業と学生が〝お見合い〟的に互いを評価できるメリットがある。

ージョブとしてアルバイトをしたのですが、七〇年の夏にはデュポン、七一年の夏にはアメリカン・キャンで働きました。

ビジネススクールの学生はコンサルタント会社などをサマージョブの先として選ぶことが多いようですが、私が働いていたのは二社ともにメーカーでした。これは偶然ではなく、アメリカのメーカーを知りたい、メーカーでマーケティングをやりたいという気持ちがあったからです。

私にはメーカー志向がこの頃からありました。幼い頃から父親に聞かされていた話はメーカーのことでしたし、メーカーへと自然になじんでいたのだと思います。

さて、ニューヨーク大学で当てが外れた私は、マーケティングを中心に経営を学べるところを探し、次の年にはケロッグへ移りました。その頃のケロッグには、マーケティングの草分け的な存在であるフィリップ・コトラー*という教授がおられ、また、ハーバードと同じようにケーススタディを行っていました。このような点が私の興味を引いたのです。

ちなみに、その当時のケロッグ*はビジネススクールとしては大して有名では

**フィリップ・コトラー**
1931年シカゴ生まれ。マーケティングにモデルや統計分析などの科学的な手法を用いた。「近代マーケティングの父」と称される。

ありませんでしたが、ディーン（校長）が非常に頑張っていて、現在では全米でもトップクラスに数えられるまでになっています。ケロッグにはディーンの諮問機関としてアドバイザリー・ボードという組織があるのですが、そこは世界中の卒業生のうち七〇から八〇人くらいがメンバーとなっており、今、私もその一人として参加しています。

これまでにケロッグの日本人卒業生は三〇〇人ほどいますが、当時も日本人学生は多く、一学年に一〇人ほどもいました。そのほとんどは企業から派遣されていた人で、私費学生は私を含めて二人しかいませんでした。

このケロッグで学んだことは、私にとって貴重な体験となっていったのです。

## ケロッグ校での日々

ケロッグでの講義については、コトラー教授のマーケティング講義の初日が終わった後のことをよく覚えています。彼は私を呼んでこう尋ねたのです。

「君は日本から来たんだろう。なぜ、ここでマーケティングを勉強するんだ

**ケロッグ**
『ビジネスウィーク』の2000年度のビジネススクール・ランキングでは、全米２位。

い。日本にはアメリカ以上にマーケティングの実践があるじゃないか」

急にこんなことを問われて面食らった私は、しどろもどろで答えを返しました。

「いや、実践はあるかもしれませんが、学問として体系づけられているわけではありません。それをアメリカで学びたいのです」

このときの私にはまだ知識も経験も足りず、これほど明確な確信があったわけではありません。でも、講義の回が進み、認識が深まってくると、この見通しは正しかったと思いました。

確かに講義の初めのうちはベーシックな理論ばかりで、私には当たり前のことのように思えました。しかし、内容が急速に高度になり、具体的な事例でどう判断するか困ると効いてくるのはこのベースでした。「体系的な学問の価値がここにある。この講義を取ったのは間違っていなかった」と感じたものです。

その一方で、コトラー教授の「日本にあるマーケティングの実践」という言葉も心に残っていました。その言葉は、商売の知恵と経営の思想を実践の中で一から築いていった、日本企業の創業者たちに重なるように思えたからです。

➲全員に共通する正解が示されるわけではなく、自ら考え、問題を解決していく能力の開発を主眼とする。

その人たちの中には、吉田忠雄もまた含まれるかもしれません。

コトラー教授は実践を大切にし、その講義内容には多くの実例をもとにしたケーススタディが含まれていました。これはマーケティングに限ったことではなく、ケロッグでの講義全般に言えることです。それも日本の大学のように古い話をケーススタディとして使うのではなく、ほんの二、三年前の事例が用いられます。

こうしたケースメソッド*による授業では、現実の企業で行われたこと、起こった出来事などを教材とするのですが、学生が実際にその企業のCEO（最高経営責任者）だった場合、どのように問題を解決していくか考えるというものです。教授の説明を学生が単に聞いているという授業ではなく、自らがその企業を経営しているかのように考えるわけですから、あたかもビジネスの実践をしているような感覚です。

授業の進め方としては、事例（ケース）を用いて議論を積み重ねるというやり方が多く、クラスを二つに分けてのディベートも盛んに行われました。このような教育により、ビジネスの実際についての理解が深まるだけでなく、相手

**ケースメソッド**
実際の企業経営で発生した問題状況を記述したケース教材を用い、討議を通じて意思決定能力を磨いていく学習方法。学生は、ケースの当事者の立場に立って問題点を発見し、分析し、行動計画を考えて授業に臨む。授業では、教授が進行役になって、学生同士で議論を行い意見を煮詰めていく。教授が総括することはあるが、➡

に対してきちんとした説得力のある話ができるようになるわけです。

説得力のある話し方ができるということはプレゼンテーション能力があるということですし、聞き手に信頼感を持たれ「この人についていこう」という気持ちにさせられます。つまり、これはリーダーシップにも繋がるわけです。

アメリカのビジネススクールでは、単なる経営技術や知識だけでなく、プレゼンテーション能力とリーダーシップのある人を育てようとしています。この二つがなければ組織の長にはなれないという考え方だからです。

こうして、ビジネススクールを卒業する頃には、ビジネスの実践へと強く心が惹かれていき、実際の経営の世界へ早く飛び込みたいと念願するようになっていました。でも、それはＹＫＫに入って働きたいということではなく、アメリカ企業の中で自分の力を試したいという欲求だったのです。

## 「うちへ来ると経営を早く勉強できる」

ビジネススクールは二年間なのですが、一年目と二年目の間にいろいろな企業から人がやってきます。彼らはかなりの高給を用意して、自社の幹部となる人材を得ようとしているのです。

日本から企業派遣されてきた人は二年間の勉強が終わるとその企業へ帰りますし、ファミリー企業の一族の人にもそこへと帰っていくケースがありますが、それ以外のほとんどの学生は、ビジネススクールへやって来た企業の話を聞いて、就職先を決めることになります。ですから、この時期の学生たちは将来への野望に燃えて、ギラギラしてくるのです。

正直に言って、私もその中に入りたいと考えていました。もっと露骨に言えば、私にいったいどんな値がつくのか知りたいと思っていたのです。かなり金額のレベルは違いますが、ちょうどプロ野球の松井がメジャーでどんな値がつくのか日本中で注目した、あのような気持ちでした。

学生たちは少しでも高く自分を買ってもらいたいわけですから、できることもできないことも含めて、盛んに自分を売り込みます。私もかなり自分を売り込みました。

その結果、ある企業の担当者が私に、当時日本企業が大卒の初任給としていた金額の七倍ほどもの初任給を提示し、このようなことを言いました。

「君が企業経営者のご子息なのは知っている。うちに来ても、もしかしたらそのうち辞めるかもしれない。また、うちにとって、是が非でも必要な人になっているかもしれない。いずれにしても、五年働けばお互いに答えは出ているだろう。

現在の初任給はこれだけだが、これは毎年上げていく。もしこれが上がらなくなったら、それはもう君のことを要らないというサインだと思ってくれ」

別にお金が欲しかったわけではありませんが、この高評価には気持ちがグラッときました。それに、毎年どれだけその評価を上げていけるのかということにも、チャレンジしたい気持ちをそそられていったのです。

その頃の私は日本企業で普通に行われていた終身雇用の世界に自分が身を置くことに、ピンと来なくなっていました。そのため、何度も転職しながらキャリアアップしていく、アメリカのビジネス社会に飛び込みたいと思っていたのです。そこへ、実際にこのようなオファーがあったわけですから、すっかりその企業へ行くことへと気持ちが傾いていました。

ですが、教育費を出してもらっていた手前もあり、両親の了解はとっておこうと考え、一旦帰国したときに父親にその話をすると、彼はこう言いました。

「それも悪くないな」

あの人は、こんな場合に決してノーとは言いません。でも、その後にこう続けたのです。

「ただ、ＹＫＫへ来ると、もっと早く経営の勉強ができるかもしれない」

別にこれは、私が社長の息子だから早く経営にタッチできる、という意味ではありません。吉田忠雄には、会社の従業員全員を自分のような経営者に育てようという思想がありました。そのため社員にはことあるごとに、

「社員で本当に満足なのか。むしろあなた方は自分で事業を起こさなければいけないんじゃないのか。独立して会社をつくって、我々と一緒にやろうじゃないか」

と言っていました。そして、実際に海外の現地企業や加工会社、販売会社など様々な形で、極めて多くの社員を経営者として独立させていったのです。

ＹＫＫがそのような企業であることを私は知っていました。ですから、私に

とってこのときの吉田忠雄の言葉は、とても魅力的で、少々ずるい言葉だったのです。私にはできるだけ早く会社の経営をやりたいという気持ちが強くあり、そのことを見透かしたうえで、彼はこのように言ったに違いないからです。

結局、この言葉がボディブローのように利いて、私はＹＫＫへの入社を決めることになったのです。

## 「親の七光り」と独立心

私は一九七二年にＹＫＫに入ったのですが、その頃、私にはこの会社を継ぐなどという気持ちは全くなく、むしろ自分の進む道は自分でつくってやろうと思っていました。

また、吉田忠雄も「後を継げ」などということを私に言ったことはなく、実際、かなり後になってもそのような考えはなかったようです。

入社して随分経ち、私が役員になった頃に吉田忠雄がこのように言っていました。

「社長というのは、息子だから継ぐなどという簡単なものではない。本人にその力があるのならいいけれど、能力も分からないうちにそんなことを言えば、本人にとってかわいそうなことになってしまう。だから、私はそんなことは言わないし、考えもしない」

その頃、日本経済新聞などで私が次の社長候補だなどと言われ出しており、これはそれに答えるものだったと思います。

実は、ＹＫＫに入る前、カメラ業界で企業を起こされたある人から、私はこう教わっていました。

「創業者というのは、それこそいろいろな修羅場をくぐってきて、その会社がここまでくるのに、どのくらいのエネルギーが必要だったか全て知っている。それをそう簡単に人に渡せるものじゃない。人に渡すぐらいなら、きれいになくして、更地に戻したほうがいい。そのくらいの感覚を、創業者というのは大なり小なり持っているものだ。君のお父さんなんかはそうだと思うよ。それを心得ておきなさい」

吉田忠雄が晩年に健康を害した時期も含めて、死を迎えるそのときまで社長の座を退くことがなかった理由の一つは、このような気持ちにあったのかもしれません。

入社当時から私の頭の隅にはこの言葉がインプットされており、自分が二代目を継承するなどとは考えておらず、それよりも、むしろ自分が創業してやろうというぐらいの気持ちでいたのです。

でも、入社してみると、どうしてもいわゆる「七光り《ななひか》」というものを感じざるを得ないこともありました。私や吉田忠雄の思惑はともかく、周囲の人にしてみればどうしても私と社長の関係を忘れることはできなかったでしょうから、それは仕方のないことでした。特に、私の上司となった人はかなり気を遣わざるを得なかったはずです。

私の上司は二人いて、一人目は私が一年目に配属となった黒部《くろべ》工場の経理部原価計算課を統括していた村井正義（現・ＹＫＫ特別顧問）です。この頃の私は工場の寮に住み、一本のファスナーの原価はどうなるかという計算ばかりの日々でした。彼は私の特殊な立場に気を遣いながらも、周囲のスタッフと差をつけずに、吉田忠雄がいかに厳しい人であるかについて話をしてくれたものです。

二年目からは東京の本社へ移って海外事業部へ配属され、海外へ飛び回るようになりました。このとき上司だったのが、西崎誠次郎（現・ＹＫＫ特別顧問）です。ほかにも幾人か上司はいたのですが、本当の意味で直接の上司となったのはこの二人で、私のことでは多分、かなりの気を遣わせてしまっただろうと思います。

ただ、こうした七光りの空気だけでなく、一社員としての仲間意識もこの頃にできていきました。最初に受けた富山でのトレーニングで一緒だった人たちや、黒部工場の独身寮で一緒だった人たちなどとは、同じ釜の飯を食ったという気持ちがあります。

特に東北工場の人たちにはこうした仲間意識が続いていて、「ほかの工場はともかく、東北工場だけは何があってもバックアップするぞ」と今でも言ってくれ、私にとってはとても心強いことだと感じています。

このようにして、段々と私はＹＫＫの一員となっていったのです。

## 海外企業と対等に交渉する

私がこの時期までに経験してきたことは、ビジネススクールで学んだこととはかけ離れており、むしろＹＫＫという会社を肌で知る期間でした。

そして、海外での様々なプロジェクトに関わるようになると、ようやくビジネススクールで学んだことが使える場面が出てきました。

例えば、中東の国バーレーンが持っていたある会社の権利を買収するというプロジェクトがありました。このような買収ではよくあるように、双方のアドバイザーとして銀行がついていたのですが、こちら側は日本興業銀行、向こう側はモルガン・スタンレー*がついていて、交渉が進められ、ほぼまとまりかけていました。

ところが、ある程度の合意ができて契約書をつくっている段階で、突然、バーレーンがその権利をほかへ売ってしまったのです。まだ契約書にサインはしていませんが、アメリカでのビジネスの基本的な解釈ではたとえ口頭でも合意

**モルガン・スタンレー**

証券、資産運用、クレジットサービスなどを展開するアメリカの総合金融会社。本社ニューヨーク。

があれば有効だと見なします。それにもかかわらずほかへ売ったのですから、こちらとしてはそのままで済ます気はありませんでした。もうよそへ売られたものを取り返すことはできないでしょうが、少なくともただで引っ込んでいるわけにはいきません。売買の話が途端にケンカの話に変わりました。

そうなってくると、おもしろいことに、それまでは黙っていたモルガン・スタンレーの連中がケンカの先頭に出て、話を有利に運ぼうとして戦い始めました。

結局、向こうには弱みがありましたから、示談金を支払うということで決着しました。彼らは今で言うＭ＆Ａ（合併・買収）のチームでしたが、やはりビジネススクールの出身者らしく、向こうもこちらがＭＢＡ（経営学修士）だと認識していたようで、対等な立場で戦えました。

もちろん、学歴などはどうでもいいのですが、相手の素性が分かれば手の内が読めます。これが非常に役に立ちました。

アメリカの場合、ビジネススクールはエグゼクティブへの登竜門のようになっていますし、世界中へとビジネススクール出身者が散らばっています。ですから、海外の企業と関わると、相手企業からはビジネススクールの出身者が出てくることがよくあります。そうなると、お互いに相手の考え方が分かりますから、利害が一致するような交渉ならば効率よく話を運べますし、ケンカになるような交渉ならば相手の手に乗せられて無用な損をすることもありません。

ビジネススクールでは実践的なことをやってきたわけですが、これは実際のビジネスの予行演習をしていたようなものです。また、同じ訓練を積んできた者同士では共通の認識を持つことができます。

このような点で、ビジネススクールでの経験は有効だったと思っています。

## ビジネススクールと「善の巡環」

アメリカのビジネススクールでの教育内容は、テクニックの面ではかなりの蓄積があります。しかし、実際の経営を行うにはまだ足りないものがあるようにも感じるのです。例えば、ビジネススクールを出た人がすぐにアジアの企業を経営できるかと言えば、多分、無理でしょう。

今、アメリカのビジネススクールでも、このことは自覚されつつあるようで、少しずつ方向転換が図られているようです。これまではアメリカ的なビジネスのやり方が高度に蓄積されていけばそれでいいという考え方でしたが、これからはもっとアジア的な考え方や哲学にも注目し、そうした要素をビジネススクールへと取り込んでいくべきだと考えられているのです。

最近、ケロッグでは、これまで二五年間にわたりケロッグをリードし育ててきたディーンから新しい人へと変わりました。それまでのディーンはユダヤ系アメリカ人だったのですが、新しいディーンはインド生まれのインド人です。この交代は、やはり、このようなビジネススクールの変化を見越したものだったようです。

「ミッション経営」という考え方にも、これと共通した問題意識があるように思います。ビジネスのテクニックだけでは足りない要素を指すものとして、この場合にはミッション*（使命）という言葉が用いられていると、私は考えています。

例えば吉田忠雄の「善の巡環」という思想には明らかに儒教的な思想が入っ

**ミッション**

使命、任務、仕事、天職、使節。本来はキリスト教の伝道活動を意味する言葉。

ていますし、アジア的な哲学がベースにある日本企業は珍しくないように思います。このようなアジア的な思想には、キリスト教世界やイスラム教世界などと共通の部分もありますし、そうでない部分もあります。

ですから、ビジネスに影響を与えている思想を、もっとグローバルに考えていかなければいけないのかもしれません。

ことに、昨今のようにイスラムの問題がこれだけ浮上してきているなかで、国際的なビジネスを展開しようとするならば、もっとこうした問題への理解と配慮がなければ通用しなくなるでしょう。

世界のビジネスはテクニックだけでは成り立たず、知識だけ進んだ人がリーダーシップを取るとむしろ弊害が出てくると、皆が思い始めているのです。

## カリスマの真似をしても通じない

アメリカのビジネスのやり方を基準にすると、ＹＫＫはかなり特殊なケースだろうと思います。少し前に、ハーバードビジネススクール*がケーススタディ

**ハーバードビジネススール**

ハーバード大学経営管理大学院。1908年創設。ビジネススクールの先駆であり代表的な存在。『ビジネスウィーク』の2000年度ランキングでは第３位。教授法のうち約80%をケーススタディが占めていて、この割合は上位校の中でも目立って高い。

用として慶應ビジネススクール*に依頼してＹＫＫのケースをつくり、採用したことがあります。これは、労働や雇用の問題などの特殊ケースとして取り上げられたものでした。

ビジネススクールで用いられるケースには、普遍的な成功要素がなければいけないはずです。ＹＫＫの場合、初めのうちは日本だからできることだと受け取られていたでしょうが、次第に世界中で通用するようになり、研究の対象となっていったのかもしれません。

もっとも、吉田忠雄の思想や経営のやり方は、日本企業の中でもかなり特殊な部類だったでしょう。でも、その特殊性ゆえに、それを理解した人たちはかえって非常にそれを信じ、組織が段々と大きくなっていったという面もあり、その様子には宗教にさえ喩《たと》えることができる部分も感じられます。

つまり、吉田忠雄が教祖で、その思想や方針が教義、そしてそれを信じて働く人たちが信者という図式で見ることもできるということです。

もちろんＹＫＫは宗教団体ではありませんし、宗教になぞらえることができるのはほんの一面に過ぎませんが、確かにＹＫＫの中で、吉田忠雄は教祖と呼

**慶應ビジネススクール**

慶應大学が日本で初めて開設した経営大学院。ビジネススクールの世界基準であるAACSBの正式認証を日本で唯一受け、国内No.1のビジネススクールと評価されている。ケースメソッドを中心にしたMBA課程のほか、博士課程を持ち、さまざまなエグゼクティブ・プログラムも開講している。

びたくなるほどのカリスマ性を発揮していました。

私がこのことを初めてはっきりと感じたのは、インドネシアでのことでした。入社二年目から海外事業部のスタッフとなり、チームで様々な国へ出かけていたのですが、初めてインドネシアへ単独で行く機会があったのです。そのとき、インドネシアの現地企業のスタッフは、日本人の社長も現地のビジネスパートナーも含めて、皆が「社長の息子が来た」と受け止めたようです。当時の私は大した肩書きを持っていたわけでもないのですが、それにもかかわらず、従業員の前で何かスピーチをしてほしいとリクエストされてしまったのです。

私はもっと違う仕事のためにインドネシアへ来ているわけですし、スピーチの準備など何もありません。仕方なく、海外で何度となく吉田忠雄のそばで聞いていた「善の巡環」についてのスピーチを代わりにすることにしました。

私としてはビジネススクールでプレゼンテーションや説得力をつける訓練を受けているという自信もあり、吉田忠雄のようにとはいかなくとも、ある程度は皆の心をつかむスピーチをできると思っていたのです。

ところが、実際には聴衆からは全然反応がありません。

私は愕然《がくぜん》としました。普段、吉田忠雄に随行して海外へ行くこともありましたから、彼がこの話をすると皆がどのような反応をするのか、私は身をもって知っています。そのようなとき、聴衆は彼の言葉にひきつけられていき、会場には熱気が溢れ、凄まじいばかりの喝采《かっさい》で終わるのです。ところが、私が同じ話をしても全く何も反応がなく、そのあまりの落差に、私は叩きのめされたように感じたのです。

このことがあってから、私はこう考えるようになりました。

「教祖が話をするのと、我々が話をするのとは、やはり違う。これからは、自分の体験で、自分の仕事の範囲で話さなければだめだ。自分が体験したこともないのに、大きな教養や経典の話をいきなりしても通用しない。たとえ説得技術があっても、説得力に欠ける。教祖がするべき話は、教祖のオーラを持った者がしなければ意味がない」

社長の息子という立場がある以上、このときのように壇へ上げられてしまうのは仕方がありませんが、話すからには理解や共感が欲しいものです。そのため、その後も何度かこのような場面があったのですが、これ以降、私は吉田忠雄と同じ話を決してせず、あくまでも自分の体験したことを話すようになりました。

私はインドネシアでの経験から、自分の役割は吉田忠雄のような教祖的なものではなく、もっと別のものだと考えるようになったのです。

## 何でも自分でこなすカリスマたち

吉田忠雄のやり方で特徴的なことの一つは、何でも自分でやろうとすることです。大企業でよく見られるように、経営者はそれぞれの専門分野についてはスペシャリストに任せていて、自分はその分野に手を出さないし、また何も知らないので手を出せないというやり方を否定していました。

例えば大きな商談があったとします。大詰めの交渉になると、相手企業の担当重役や、場合によっては経営トップが、大勢の随行員を率いてやって来ることがあります。その随行員とは、法律、経理、技術などそれぞれの分野の専門家や現場責任者、そしてその上司などであるわけですが、このような光景を見ると、吉田忠雄はこう言ったものです。

「何だ、金魚のウンコみたいにあんなにぞろぞろ引き連れて。トップが本当に分かっていれば、自分だけで来ればそれでいいのに、自分で答えられないことがあると困るから、あんなに連れて来るんだ。

でも、アメリカではそうじゃないよな。まずトップが最前線に行って判断するんだ。アメリカ企業のトップは現場の人間がいなくても仕事ができるし、判断できるからだ。

それを、この話は技術の人間がいないと分からない、これは経理に聞かなければ分からないなんてやっているから、トップが自分だけで決められないんだ」

実際、吉田忠雄は何でも自分でやろうとし、それがよほど特殊な仕事でない限りは、ある程度自分でやれました。スペシャリストと同様とは言わないまでも、その専門家が現場にいないときに、彼に代わってその場の仕事を支障なく進められる程度にはやれていたのです。

吉田忠雄は会社のあらゆる仕事に目を配り、確実に把握していました。彼がいつも持っているメモ帳には、売り上げや財務、生産などあらゆる分野の数字が細かな字でびっしりと並び、商品開発や新技術のアイデアがキチンと整理されて書き込まれていたものです。

これは、中小企業の経営者には必要なことで、小さな会社では経営者が何でも一人でこなせなければ成り立ちません。吉田忠雄はたとえ会社が大きくなっても、この中小企業精神を忘れてはいけないと言っており、ＹＫＫが大きくなってからも自らこれを実践し、会社の全員にこうした考え方ややり方を求めていたのです。

## プロ並みにできて当たり前!?

ＹＫＫには吉田忠雄のやり方とは反対の人もごく稀《まれ》にはおり、例えば銀行や他企業、役所などから派遣されてくる人たちがそうでした。でも、こうした人はそれまで所属していた組織のやり方に慣れているため、どうしてもＹＫＫのやり方には馴染めず、結局、うちに長くはいられませんでした。

大企業などでは役員は上位者として部下を管理していればいい場合が多いよ

うですが、ＹＫＫではそれは許されません。そこに誰もいなければ、何でも自分でやることを求められます。これは吉田忠雄自身が実践しているのですから、彼らとしても拒否するわけにはいきません。それで結局はそれに馴染めないままＹＫＫにいられなくなってしまうのです。

極端な場合、吉田忠雄はその場に人がいなければお茶汲みやコピーとりまで自分でやってしまいます。しかも、それを嫌々やるというのではなく、少しでも上手に効率よくやろうと心がけ、自分なりの作業パターンまでつくってしまうのです。

これは大げさな話ではありません。吉田忠雄は日常生活でもこのような態度を崩さなかったのです。

例えば休日に庭仕事をします。私もよく手伝わされたものですが、しばしば、「おまえのやり方はだめだ」と言われ、作業の手順を覚えさせられました。庭仕事も、ちょっとした工夫や技術があれば、上手《うま》くこなせます。鉢植えの土を直したり株分けをしたりするとき、上手いやり方をすれば一回で済みますが、下手《へた》にやると二回、三回と余計な手間がかかります。私が下手なやり方をしているのを見て、吉田忠雄はそう言うわけです。

つまらないことのようですが、これが吉田忠雄のやり方を典型的に表しています。

風呂へ入る場合もそうでした。手ぬぐいの絞り方一つにも吉田忠雄流があり、私にこう言ったものです。

「おまえの絞り方はゆる過ぎる。もっときつく絞っておけば次の朝には乾いているのに、おまえの絞った手ぬぐいは乾いていなかった。何でももっときつく絞っておかなかったんだね」

私が幼い頃からずっとこのようなことは日常的にあり、それは私が長じてYKKに入社してからも変わりませんでした。

我が家には富山と東京の両方に家屋があり、吉田忠雄は月の一日から一五日までは東京、一六日から月末までは富山で暮らしました。富山にはYKKの主力工場がありますし、このほかにも会社の主要な機能が集まっていて、月の後半にそこで役員会などがあるためそのようにしていたのですが、特別なことがない限りこのパターンで生活しました。

富山の家には彼のほかには誰もいません。彼が会社にいる間、簡単な掃除や食事の買出しなどをしておいてくれる通いのお手伝いさんはいましたが、その人は彼が帰ってくる前にいなくなってしまいますから、ここでの生活の全ては自分でやらなければなりません。でも、吉田忠雄にとってはこのことは何の苦にもならなかったようです。

入社してからは、私も必要なときには富山へ行くのですが、その場合には富山の家で私と吉田忠雄と二人だけで暮らすことになります。そうなると、家事全般を男二人だけでやらなければなりません。晩飯の材料などは揃えてありますが、煮炊きから食卓の準備、後片付けと全て二人でやらなければいけないので、例えば食後のリンゴをむくのは私の役割といった具合に、どちらが何をやるか分担を決めて家事を片付けていくわけです。

吉田忠雄は普段からやっていて慣れたものですが、私はそうはいきません。それを見ていて、「おまえは下手だなあ」とまた言われるわけです。

彼は海外へ行っても、ホテルで自分の着た物を洗って、ズボンにはアイロンまでかけてしまいます。たまに私が同行して、さすがに彼の下着は洗いませんがズボンのアイロンがけぐらいはしようとすると、「おまえのかけ方は下手だ。こうやるんだよ」ということになってしまいます。

確かにアイロンがけなどはプロ並みで、クリーニング屋さんのテクニックまで講義してくれたほどです。何でもやろうとしますし、しかも何でも上達しようとしていますから、いつの間にかプロの領域にまで首を突っ込んでいるものもありました。

若い頃からこのようにして、何でも一人でこなして生きてきた人ですから、会社のことでは当然のように全てのことをこなそうとします。

ですから、会社の外から特定のこと以外やろうとしないような人が来ても、吉田忠雄とは合わないわけです。それがたとえある分野で高みを極めたような人でもそうでした。

## カーター元大統領とは似た者同士

吉田忠雄と気が合う人には、やはり彼と同じようなところがある人が多く、その代表的な人物がアメリカの元大統領ジミー・カーター氏[*]でした。

カーター氏と吉田忠雄の親交は、ＹＫＫが地元の誘致を受けて、初めてジョージア州に大規模な一貫工場を建ててからのことです。当時、ジョージアの州知事をしていたのがカーター氏で、この工場建設を機にお付き合いが始まり、カーター氏がアメリカ大統領になったときには、その就任セレモニーに日本人としては唯一人、吉田忠雄も招かれています。

カーター氏は残念ながら大統領としてはあまり評価が高くないようです。それと言うのも、彼もまた吉田忠雄のように何でも自分でしようとするところがあり、それがアメリカ政府のような巨大な組織では上手くいかなかったのでしょう。

例えば人事にしても、多くの大統領は全米から選りすぐったエキスパートを登用してきたのですが、カーター氏は自分の知る範囲から人選してしまいました。このため反対派にとっては身びいきの人事と映り、公正という面で説得力がなくなってしまい、反発を招いたのだと思います。

ところが、大統領としては不評だったカーター氏も、大統領を辞めた後の仕

**ジミー・カーター**
1924年、アメリカ・ジョージア州生まれ。民主党から選出され、1977年から1981年まで第39代アメリカ合衆国大統領を務める。

事ではかえって評判が高くなりました。カーター氏は元大統領として様々な活動を行いましたが、このときに動いている組織はもちろん政府などとは違ってずっと小さなものですから、何でも自分でやるという彼のやり方がプラスに働いたようです。

例えばフィリピンで貧しい人のために家を建てるという仕事がありました。これは三〇〇〇人のボランティアが集まって三〇〇〇戸という家を四日半で建てたのですが、カーター氏はこの現場に自ら入っていました。このような事業では、トップはその名声で資金を集めたり、完成の式典にだけ顔を出してスピーチをしたりするのがせいぜいですが、カーター氏は建設の現場へ行き、大勢の人たちに混じって自分で汗水流して働いたのです。

家を建てると言えば、本当に最初からその仕事をやる、すると皆が感動します。もし、ただスピーチだけしていたのなら、誰も感動しません。カーター氏のやり方は、このような事業では人々を感動させて共感を呼び、成功へと導くものだったのでしょう。

これは吉田忠雄の場合でも同様でした。カーター氏と吉田忠雄とは生まれ育った国も違えば、世代も違います。しかし、かつてハーバード大学の[*]エズラ・ボーゲル教授がＹＫＫの新年会で一〇〇〇人を超える内外の聴衆を前に、

「吉田忠雄とジミー・カーターの二人には共通点が二つある。二人とも田舎《いなか》生まれの田舎育ちで勤勉実直型……」

とスピーチされたことがありました。二人には共通する考え方があったのではないかと思うのです。

## カリスマがいなくなったら、どうするのか？

自分で汗して働くことを基本とし、自分一人の力は小さくとも、同じように汗してくれる人が一〇〇人、一〇〇〇人と増えていけば、どんどん大きなことがやれるようになる。そして、その喜びを皆で共有していく――。

吉田忠雄はこのように考えるわけです。これが自分で全てやる人の持つ説得力であり、カリスマ性の源泉なのかもしれません。

「最も効率の良い経営体制をとってコンピュータを使えば、頭の良い人だけ

**エズラ・ボーゲル**

1930年アメリカ・オハイオ州生まれ。ハーバード大学で博士号を取得。同大学東アジア研究所長などを歴任。1979年に著書『ジャパン・アズ・ナンバーワン』が日本で大ベストセラーとなった。

で経営ができるというのなら、東大生だけで会社を経営してみろ」

というのが吉田忠雄の口癖でした。

現実の企業では、やる気があって人並みの人が八割、非常に優秀な人が多くても一割、そして、どうしようもない人が一割いるというのがせいぜいです。そうすると、会社の八割を占めている人並みの人が誰よりも働き、効果を出してくれれば会社は勝てます。また、このような組織を志向しないと誰も人が来てはくれません。

人並みの人たちが効果を出すには、そうした人たちにも共有できるような手本があれば上手くいきます。吉田忠雄はその手本を提供していたわけです。吉田忠雄というカリスマ的な教祖がいて、彼の言葉が教義となって皆に共有され、人並みの人たちが最大限に働ける組織ができていったのです。

これがYKKという会社でした。

その組織形態は、一人のカリスマがいて、その下には同じ教義を共有する仲間がフラットに並んでいました。もっとも、吉田忠雄にしてみれば、自分さえも単なる会社の一員に過ぎず、全員が横並びだと思っていたでしょう。このようなフラットな組織は、強力なリーダーがいるうちは効率よく機能します。ＹＫＫが発展できたのはそのためでした。

でも、カリスマ的なリーダーがいなくなった後はどうすればいいのか、それが次代に残されていた課題だったのです。カリスマはもう生まれません。そうなると、何を組織の要とし、何を目標にしていけばいいのか、私たちの世代は考えなければなりませんでした。

昔の教義の良さは残しながらも、現代に即した形に経営のやり方を変えなければ、新しい時代に対応できなくなります。

ＹＫＫの社員として働くうちに、私はこのように考えるようになっていったのです。

| No. | FS2-22000 |
|---|---|
| タイプ | 45GF |
| 名称 | FS2織工機 |

BRAZIL
( ブラジル )

MC No. 0074
(6613)

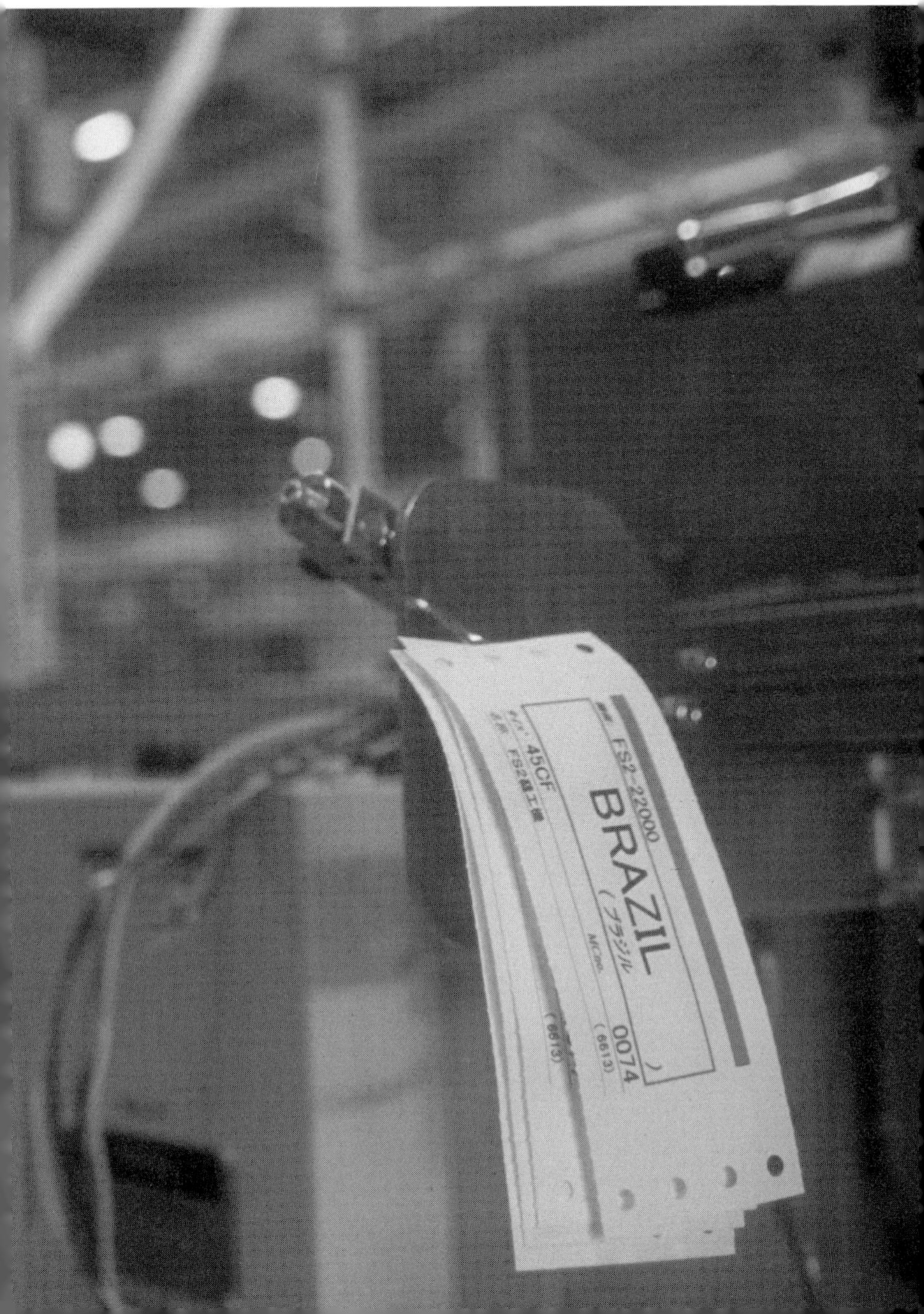

# 第2章 ファスナー事業の海外発展

## カリスマが育てたＹＫＫ

私がYKKで行ってきた改革についてお話しする前に、まずYKKについて知っていただく必要があるでしょう。そこで、この章では、吉田忠雄という強力なリーダーのカリスマ性が、いかにしてYKKを育てていったのか、その様子を見ていただきます。ファスナー事業の海外発展の道のりを吉田忠雄の経営思想と絡めながらご紹介し、彼の経営思想の中核をなしている「善の巡環」と、人材育成に力を発揮した中小企業精神についてもご説明します。

## ファスナーのYKK

YKKのことを知ってもらうには、まず、ファスナーについてお話ししなければなりません。

YKKグループには、ファスニング事業、建材事業、工機事業という三つの大きな柱があります。そのうち工機事業は自社向けの工作機械を製造する部門であり外部への販売を目的としていませんから、直接的に収益を支えているの

**ファブリック**
織物、編み物、織地。

はファスニング事業と建材事業ということになります。

ファスニング事業では、ファスナー、スナップやボタン、面ファスナーや繊維テープなどを製造販売しています。このようなファブリック*を接合する物を包括的にとらえファスニングと呼んでいるわけですが、このうち主力となる商品はやはりファスナーです。

ファスナーの主な用途はアパレルですが、一般産業用にも広く使われていますしてす。特殊なものとしては、野球場の人工芝の接合にもファスナーが用いられていますし、NASAの宇宙服にもYKKのファスナーが採用されています。

建材事業はYKK APが主体となっており、窓サッシを中心としたドアや門扉などの住宅建材、中・低層ビル用のサッシや超高層ビルのカーテンウォール*を含めたビル建材などを扱う部門です。

二〇〇二年度のグループ売上高で見ると、総額五四〇〇億円のうちファスニングが一九〇〇億円、建材が三五〇〇億円となっています。このように、現在では建材事業がファスニング事業を売り上げで大きく上回っていて、建材事業の重要性は高くなっています。

**カーテンウォール**

荷重を柱や梁に持たせる構造を持った建築物の壁のこと。建物の重みを壁で支える必要がないため、壁一面をガラスで覆うことなどが可能。これにより、建物の美観を高めたり、採光の効率を良くしたりすることができる。

それでも、会社設立から今日に至るまでの長い年月にわたってＹＫＫを支え続けてきたのはファスニング事業、とりわけファスナーであり、ファスナー事業の発展にこそＹＫＫの特徴が典型的に現れているのです。

ファスナー事業は海外進出により大きく発展してきました。

ＹＫＫは一九三四年（昭和九）に吉田忠雄によってサンエス商会として創業されました。戦後に入り五〇年代にはファスナーの国内シェアを一手に握り、五九年のインドやニュージーランドなどを皮切りに、六〇年代からは積極的に欧米を中心としたファスナーの大消費地に現地法人を設立し、海外へと進出していったのです。

現在、ＹＫＫのファスナー事業のうち海外での売り上げが約九割となっており、世界のファスナー市場におけるＹＫＫのシェアは第一位の四五％を占めています。海外五九カ国に現地法人を展開しており、グループ全体のファスナー生産量は年間二一二万㎞に達しています。

このファスナー事業の発展は、創業者である吉田忠雄の強力なリーダーシップと独自の経営理念なくしてはあり得ないものでした。そこでまず、ファスナー事業の海外進出の道筋を吉田忠雄の理念と絡めながら、お話ししていきたいと思います。

## ファスナー事業が海外進出した動機

ファスナーというのは、昔の通産省の分類で言うと雑貨になります。この言葉にも現れているとおり、ファスナーはあくまでも部品であり花形産業となったことはありません。一九五〇年代に国内でＹＫＫファスナーの業績が拡大していき、ナンバーワンのシェアを獲得するようになると、次には海外を目指し、東南アジアへの進出、そしてファスナーの大消費地である欧米へ目を向けるようになりました。ところが、日本から海外への輸出を考えたとき、花形産業ではないゆえの壁に突き当たることになったのです。

それは関税に関する不平等でした。当時のファスナーについての関税は、日本の場合わずか一五％で、アメリカ製品が日本に来るときにはほとんどそのままの価格で入ってきたのに対し、日本からアメリカへ輸出すれば五〇％もの高率の関税をかけられることになっていたのです。

当然ながら、ＹＫＫは当時の通産省にこれをフェアにしてほしいと訴えたのですが、聞き入れてはもらえなかったのです。

日本にはもっと大事な輸出品目がある。日本のファスナーなど大した輸出額ではない。アメリカの関税引き下げを申し入れるためには国対国の交渉が必要だが、日本の経済状況を考えれば、金額の小さい品目の引き下げを申し入れてしまって、もっと大きな金額の品目に不利になるようなことはできない。ファスナーなどはネゴシエーションカードにはならず、むしろ、関税がないほうが海外から安くて良いものが入り、日本経済のために良いかもしれないくらいだ。

これが当時のお役所の言い分でした。アンフェアな関税をフェアにしてくれという当然の訴えさえ聞き入れてもらえない雑貨という分類の悲哀を、このときに感じたのです。

国が何もしてくれないのならば、自分たちで何とかするしかありません。このため、輸出による業績拡大を断念し、現地へ投資し向こうで製品を生産して販売する道を選択するしかなかったのです。

これがＹＫＫの海外進出の動機でした。

## 「紙一枚の努力」――ニューヨークでの一〇年

一九六〇年代にＹＫＫは欧米へと進出を始めたのですが、その最初の場所として選んだのがニューヨークでした。一九六〇年に現地法人を立ち上げ六四年にはニューヨークに工場をつくり、本格的な海外展開へと乗り出しました。

今もそうかもしれませんが、ＹＫＫがアメリカに初めて進出した当時、世界で最もファスナー事業の競争の激しかったのはニューヨークでした。ニューヨークにはアパレル企業がひしめきあっており、世界的なファスナーの消費地でした。大消費地に生産拠点をつくり、その地にファスナーを供給するというのが当時の方針であったため、世界最大の消費地であるニューヨークに狙いを定めたのです。

ニューヨークの三四丁目にはガーメント・ストリートと呼ばれていた地区があって、高層ビルの中に二〇〇〇軒ものアパレル関係の会社があり、プエルトリ*

**プエルトリカン**
カリブ海北東部の島でアメリカ領になっているプエルトリコの出身者。仕事のためアメリカ本土への移住者が多い。

リカンなど英語を話せない人たちが縫製をしていました。そこで様々なアパレル商品がつくられ、その動きに合わせてファスナーが要求されるわけです。当然、そこにはいくつものファスナーメーカーが顧客を求めて激しい競争を展開していました。

ＹＫＫが海外展開で最初に参戦したのはこのような場所だったのです。ところで、ファッション関係では色は何千色も使われていて、しかも、ひんぱんに変わります。そのうえ、納期が非常に短いのが特徴です。

例えば、デパートにある婦人服が置かれるとすると、色とサイズごとに二、三点ずつ並びます。デパートは在庫を持っていたくないですから、何かが売れると、すぐに補充するための注文を入れます。メーカーは非常に短期間でこれをつくって、すぐにデパートに納めなければなりません。メーカーは生地を裁断して加工工場で縫製し、この段階でようやくファスナーの注文を入れるわけです。

ですから、ほとんどそば屋の出前と同じで、ファスナーの納期はすぐにというのが普通になります。午前に来た注文は午後に、午後に来た注文ならば翌朝に配達しなければいけません。それも、リアカーで運ぶような大量の注文ではなく、何色の何センチでこういうタイプを数本という話ばかりなのです。それでも、とにかく供給しなければなりません。

アパレルメーカーにしてみれば、ＹＫＫでなければいけないわけではなく、その色と長さのファスナーがなければ、ほかの会社に頼むだけのことです。実のところ、ほかを当たったけれども品物がなかったので、最後にＹＫＫへ注文が回ってきたというのが本当だったのです。

ＹＫＫがニューヨークへ出て行ったときの地位は、数あるファスナーメーカーの中で、最も下の番付でした。そうすると、最も需要の高い、赤、黒、白、紺などの色で長さが数十センチというファスナーメーカーとしては一番儲けの出る商品は、全部よその企業に取られてしまっています。そして、とんでもない色や長さで数本単位という、どのメーカーにとってもありがたくないような注文ばかりが回ってくるわけです。これはつらいことですが、それでもその注文を受けなければ、もう次が来ません。

しかも、このような無理な注文に応じても、一気に一番になれるわけではなく、順番が一つ上がるだけです。メーカーにとっては厳しい状況ですが、ここで必死の努力を積み重ねたことで、少しずつ顧客の信用を得ていったのです。

努力を重ねて、顧客の要望に応え、信用を勝ち取る。これは企業にとっては当たり前のことに聞こえるかもしれませんが、それを敢えて強調してお話ししたのは、ＹＫＫの社員はこの努力の重要性を創業者の吉田忠雄によって徹底的に教え込まれていたからです。彼はよく皆にこう言っていたものです。

「あと紙一枚の努力を加えなさい」

もうこれ以上の努力はできない。そう思えるときにも、さらにもう少し、ほんの紙一枚ほどでもそこに努力を加えられれば、それがいつか大きな違いとなる。この言葉はそのような意味でした。

この精神がＹＫＫのあらゆる仕事に生きており、それが海外での成功へと繋がりました。生産現場では品質の向上とコストの低下により競争力の高い製品が生まれ、販売の現場ではきめの細かい営業によって顧客の獲得へと結びついたのです。

そして、このような努力を続けることで一つずつ順番を上げ、最後にはようやく一番になれました。ニューヨークでここまで来るには、およそ一〇年の月日を要したのです。

## 「土地っ子になれ」――オランダでの経験

アメリカやヨーロッパで国際競争を勝ち抜くことができたのは、製品の競争力だけでなく、ＹＫＫを顧客が受け入れてくれたこともその要因でした。これにも吉田忠雄の理念が功を奏していました。

彼は海外に派遣される社員にこう言っていました。

「土地っ子になれ」

これは永住するつもりで海外赴任せよという意味です。ＹＫＫは、海外勤務が長くなるので有名なのですが、一〇年や一五年ではまだ普通で、二〇年を超えるとようやく「長くなってきたな」という感じです。

このように、ＹＫＫは徹底的な現地主義で海外展開を図っていきました。

ある国に現地法人をつくるとき、必要な資金や資材を抱えて社員が送り込まれます。送り込まれた社員は現地で従業員を雇い、現地の会社から原材料を調達し、現地の会社を顧客として製品を売ります。さらに、そこから得た利益は現地に還《かえ》すのを原則とし、日本のＹＫＫ本体が吸い上げるようなことはしません。すると、ＹＫＫの現地法人が栄えれば、そこで働く地元の人たちが潤い、原材料を卸す地元の会社が潤い、さらには安価で良質の製品を供給されることで地元の顧客が潤うことになります。

つまり、全てを現地で調達し利益を現地に還元することで、ＹＫＫがその土地にとって有益な会社となるということなのです。

さらに、ＹＫＫは海外で原材料や従業員について現地主義を取っただけでなく、企業としてその国のコミュニティにとって良き市民であろうと意識的に努力しました。その結果、場合によっては地元のメーカーよりもＹＫＫのほうが、より良い企業市民として役割を果たしていると評価されるようになったのです。

例えば、オランダのスネーク市というところに現地法人を設立し工場をつくったときなどが、良い例です。この法人は一九六四年に設立され、ヨーロッパへの本格的な進出としては最初のものだったのですが、ローカルコミュニティに対して良い隣人でありたいとかなり徹底した気持ちで臨みました。

このときについてはこんなエピソードがあります。

日本から行った工場長は英語さえあまり得意でない人だったのですが、一生懸命オランダ語の勉強をして、工場のオープニングのときにオランダ語でスピーチを行いました。すると、これを聞いた現地の人が真顔でこう言ったそうです。

「日本語というのは、何てオランダ語に近いんだ」

これは今でも語り草になっている笑い話です。

日本から派遣される人たちは、例えばオランダへ行って、オランダの人たちといっしょに働くわけですが、双方にとって最初は未知の文化との遭遇です。ときには笑い話になったり、ときには悲劇になったりするような誤解や思い違いを繰り返して、お互いを知るようになります。そして、お互いに相手が決して悪い人たちではないと分かるようになってこそ、ＹＫＫが現地の人たちにとって良き隣人となれるわけです。

そこで、「土地っ子になれ」という理念から、吉田忠雄は海外に人を送り出すとき、必ずこのように言いました。

「とにかく君は、そこで生まれたと思いなさい。日本の飯は旨いとかこちらの飯はまずいとか言っちゃいけない。そこで生まれた人なら、そこの飯に旨いもまずいもないだろう。その土地の悪口なんか言うなよ」

また、ＹＫＫが進出している国や自治体からお客様が来ると、こんな会話をするのが常でした。

「そちらへ行っている日本の人間が、習慣も何も分からないので大変な失礼をすることがあるかもしれませんが、悪気はないのです。単に知らないだけですので、申し訳ありませんが、どうか遠慮せずに叱りつけてください。この土地ではこれが当たり前なんだ、あなたが間違っていると叱ってください」

海外でよくある悲劇は、習慣の違いから来るちょっとした誤解が元になっていることがよくあります。別に悪意はないのに、誤解が重なって軋轢《あつれき》が生じてしまうのです。

そうした悲劇が起こらないようにするには、たとえ現地の言葉が下手であっても、あるいは土地の習慣を知らなくても、「自分はそこで生まれた、そのコミュニティのために働くんだ」と思うことが大前提となるのです。そうしてこそ、その土地でコミュニティの一員になれると我々は考えています。

同じ海外進出でも、銀行や商社ならば大都会の真ん中にオフィスを借りて、いつどこへ移ってもいいという形ですから、コミュニティとの軋轢も生じないでしょう。でも、ＹＫＫのようなメーカーの場合、大都会ではなく賃金や地価の安いところへ行かざるを得ませんし、一度工場を建てればもう逃げも隠れもできませんから、コミュニティの問題は大変に重要になってくるわけです。

海外へ進出すると、純粋な経済行為の競争だけでなく、現地からの反発に遭いやすくなり、どうしても悪者扱いされがちなのは否めません。

だからこそ、その土地になじむ最大の努力を重ねて、それを乗り越えていったわけです。

## 「大量一貫生産」――ジョージア州メーコン工場

一九七四年に海外で初めて、アメリカのジョージア州メーコンに大規模なファスナーの一貫生産工場を建設しました。

この工場建設を行った頃、アメリカのアパレル業界では生産拠点が次第に南部へと移動していました。それまではニューヨークやロサンゼルスなどで行っていた縫製作業を、人件費の安い南部で行うようになったのです。アメリカにはそれまでもニューヨークに近いニュージャージーなどにかなり大規模な工場があったのですが、アパレルメーカーの動向に合わせて、南部に生産拠点をつくることにしたわけです。

これはファスナーのあらゆる部分を全て生産する機能を備えた工場でした。ファスナーの布の部分をつくる織機、繊維の染色をする機械、「ムシ」と呼ばれるファスナーのかみ合わせ部分や「スライダー」と呼ばれる引き手などの金属部分をつくる機械、これらを縫い合わせていく自動機械などを備えており、さらには当時、ＹＫＫが世界をリードしていた樹脂ファスナー*の生産に至るまで、原材料を製品にするまでの全ての工程を行うものでした。

この工場に限らず、ＹＫＫで使う機械は全て自社製品でした。これもまた、吉田忠雄の経営理念に基づくものだったのです。彼には自社の製品を全て自分

**樹脂ファスナー**
ムシやスライダーにプラスチックなどの化学素材を用いたファスナー。様々な色に仕上げることが可能で、ファッション性が高い。

たちの手で生み出す、

「一貫生産」

への強い信念がありました。良質の製品をつくるには外注に頼らず、全てを自社で生産するべきだという信念から、機械開発までYKKが自ら行ってきたのです。

これがファスナー生産に関する独自の技術を生んでいき、八〇年代には、世界的に見てもファスナー業界ではトップの技術力を備えるに至っていました。

当時、ファスナー業界ではYKKのコンシール[*]ファスナーや樹脂ファスナーは他企業の追随を許さない品質を誇っていたのですが、それは一貫生産の思想から生まれた自社の技術力に支えられていたわけです。

また、YKKのファスナーは高品質なだけでなく、安価でもありました。これにも自社の技術力が大きく貢献していたのですが、これに加えて吉田忠雄の信念である、

「大量生産」

によって成し遂げられていました。つまり、機械化された大規模な一貫生産

**コンシールファスナー**

ムシの部分が外から見えないように被覆されたファスナー。ファスナーがあることを感じさせないため、商品デザインの幅を広げることができる。

工場で製品をつくることで、ＹＫＫファスナーは製品の競争力を得ていたわけです。

メーコンに大規模な一貫生産工場をつくる以前は、一部の部品は日本から送ったり、商品によっては扱えないものがあったりしていました。でも、メーコン工場ができることによって、ようやくアメリカでも吉田忠雄流のファスナー生産が可能となったことになり、アメリカでのビジネスがますます有利に展開していったのです。

そもそも、ＹＫＫがアンフェアな関税により輸出という手段をあきらめざるを得なくなったとき、人件費の安い国ではなく人件費の高い欧米諸国に生産拠点をつくろうと考えたのは、自社の技術力に対する自信があったためです。

一般的に言って、海外でのビジネスは人件費の安いところで生産し、物価の高いところで販売すれば有利なわけです。当時、日本と欧米を比較すると、人件費でも物価でも圧倒的に欧米のほうが高水準でした。ですから、人件費の点で考えれば日本で生産して欧米で販売するほうが有利だったはずで、そのため多くの日本企業が海外生産の道ではなく、自国で生産して輸出するほうを選んだわけです。

また、海外に生産拠点をつくる場合でも、人件費の高い欧米ではなく、アジア諸国に生産基地をつくり、欧米で販売するほうが有利だと考えるのが普通だったでしょう。

でも、人件費に関して、ＹＫＫは一般的な日本企業とは少し違う見方をしていました。高い技術により製造を機械化すれば、従業員が少なくて済むので人件費の高さはあまり問題になりません。むしろ先進国のほうが、高い技術力を維持するための人材を確保しやすいという利点さえあります。

ＹＫＫは、五〇年代のまだ国内企業だった時期でさえ、人件費の安さに頼らずに高い技術力で戦っていましたから、先進諸国に進出しても技術力では欧米企業と対等以上に戦えるという自信がありました。この自信があればこそ、生産拠点を欧米につくるという決断がしやすかったわけです。

この思惑どおり、本格的に欧米へ進出すると製品の競争力の高さが優位に働き、当時、欧米でファスナー業界の二大巨人だったドイツのオプティ社とアメリカのタロン社を圧倒し始めたのです。

## 目に見えない参入障壁

吉田忠雄の理念のもと、製品の高い競争力と地元主義の経営により、海外で業績を伸ばしていったわけですが、その道のりにはもちろん様々な困難がありました。

その一つが現地国での法律問題です。その多くはＹＫＫの快進撃に脅威を感じた競合他社の仕掛けたものでした。ＹＫＫにはまだ国際経験が不十分であり、また、その国のルールにまだ不慣れだった時期に、彼らはその弱点をついてきたのです。

ＹＫＫの海外進出を長い歴史の中で見てみると、まず日本で生産したものを海外へ輸出していた時代があり、続いて海外で加工する時代を経て、原材料から全て現地で生産するという段階を経ていきました。このようなステップを踏むごとに、競争相手からＹＫＫへの敵視は厳しくなり、様々な形で衝突するようになっていったのです。

例えばアメリカでは、最初はダンピング*が頻繁に問題にされ、訴訟が盛んに起こされました。この問題をクリアすると、続いて特許にまつわる訴訟が起こされ、これを乗り越えると今度は、アメリカの法律に則《のっと》った事業運営がなされているかが問題視されたのです。

アメリカのルールから少しでもはみ出していると誰かが疑うと、すぐに告発されて、調査が入ります。告発するのは競争相手の場合もありましたし、地元の組合の場合もありました。すると、ＩＴＣ（アメリカの国際貿易委員会）やＦＴＣ（公正取引委員会）からの調査が入るわけです。

これらの問題が一度に起こっていたなら、ＹＫＫもとても耐えられなかったかもしれませんが、実際には、一つが解決するとまた一つという具合に、こちらの事業規模が大きくなるにつれて違う側面から攻撃され、問題が起こっていきました。それらに立ち向かっていくうちに、段々とアメリカ社会でのやり方を学んでいったのです。

そのなかには、事業規模が小さいうちは問題とされなかったことが、大きくなるに従い問題視されるようになったというケースもありました。

**ダンピング**

採算を無視して不当に安い価格で販売すること。特に海外市場において、国内価格よりも安く販売すること。

例えば、日本から派遣する社員について最初のうちはビザがすぐに下りたのですが、あるときから急に、労働に関するルールを持ち出されて、簡単には許可が下りなくなったことがあります。そのルールとは、アメリカの工場に技術を移転するときには必ずアメリカ人の技術者を育て、いずれは外国人の技術者の派遣は必要ないようにしなくてはいけないというものでした。そのため、こちらは技術移転の計画書を出して申請しなければ、技術者のビザがもらえなくなったわけです。

このように、こちらの事業規模が大きくなると、その国のルールを守っているかどうかをより厳しい目でチェックされるようになったのです。

この例でもそうですが、善意で、あるいは普通だと思っているやり方をとっていても、アメリカ社会ではそのやり方には非常に微妙な問題が含まれていると受け取られるという場合があるわけです。ＹＫＫは弁護士費用などレッスン料を払いながら、そうしたアメリカ社会の考え方を勉強していきました。

アメリカにはファスナーは自国で生まれたという自負があり、また、ファスナーの巨大企業があって技術的にも高い水準にありました。そのため、ＹＫＫ

が進出し事業を拡大していくと、あの手この手を使って対抗してきたのです。これは繊維、鉄鋼、自動車という業界でも日本企業がアメリカ進出でなめた辛酸でしたが、ＹＫＫも同じ経験を一とおり味わってきたわけです。

こうした経験をしたのは、アメリカ進出だけでなくヨーロッパについても同様でした。ダンピング問題も特許に絡んだ問題も起こりましたし、当時のヨーロッパ（ＥＣ）ではまだ現在のＥＵのように一つの経済圏になっていたわけではなく、各国ごとに違う事情から問題が発生していきました。

一九六〇年代後半から八〇年代にかけて、こうした問題を一つ一つクリアするたびに、国際的な企業として少しずつ一人前になっていったと言えます。

このようにして、ＹＫＫは海外でその国での良き隣人として認知され、競争相手に打ち勝っていきました。そして、八〇年代初め頃には、ヨーロッパでもアメリカでも、ファスナー業界のトップに立つことができたのです。

世界的なファスナー業界の変遷を見ると、六〇年代中頃までは各地域で企業が競争している時代でした。ヨーロッパの中ではヨーロッパの企業同士が覇権を争っていましたし、アメリカの中でも同様でした。その競争がほぼ決着し、ヨーロッパではオプティ社、アメリカではタロン社が優位に立った六〇年代に入ると、今度はＹＫＫが欧米へ進出し、国際競争の時代に入ったわけです。

そして、七〇年代を経て八〇年代にさしかかる頃には勢力図は完全に変わり、ヨーロッパでもアメリカでも、ＹＫＫがリーダーシップを取れる状態になったのです。

## ヨーロッパの子会社の間で起こった競争

ＹＫＫの海外進出で次に問題となったのが、自社の現地法人同士の衝突でした。

世界の様々な国にＹＫＫの現地企業が進出すると、ＹＫＫ同士で利益が対立する場面が現れるようになり、日本の本社がその調整役をするということになってきたのです。

ヨーロッパの場合、イギリスの法人が海を渡って大陸へ製品を持ち込むようになり、対立を生んだというケースがあります。イギリスへはかなり早くから

ＹＫＫが進出しており、ヨーロッパの中でも成長の著しい法人でした。

彼らは大陸のお客さんにも接触して製品を売るようになったのですが、お客さんとしてはその国のＹＫＫとイギリスのＹＫＫで値段が違えば、より安いほうを買うわけです。イギリスの法人にとっては少しぐらいの値引きは容易ですから、売り上げを稼ぐために安く大量に売ろうとします。ところが、その国のＹＫＫはまだ規模も小さく、価格競争には到底勝てず、致命的なことになってしまいます。

そこで彼らは、日本の海外事業部に調整を求めてきたのです。その当時、私は海外事業を主たる任務とする企画室長という立場だったのですが、こうした場合には日本の海外事業部が全体で問題に対応し、レフリーの役を果たしていました。彼らにしてみれば、「何も同じＹＫＫでよその国にまで売り込むことはないではないか」という言い分だったのですが、我々は、イギリスに「もう攻め込むな」とは言いませんでした。

「値下げを止めろ」とか、「現地企業の取り分を残せ」などと言うのは簡単ですが、それはお客様の利益を無視しています。同品質の物を安く買えるのならば、そのほうがお客様の利益になるからです。

内輪で競争することでお客様にとって利益になるのなら、その競争を止めさせるわけにはいきません。一方がお客様の利益になることをしているのなら、他方はもっとお客様の利益になることで対抗すればいい、それが我々の方針でした。

では、弱いほうの法人が強いほうに食われていくのをただ黙認していたのかと言えば、そうではありません。弱いほうを支援して、強いほうと対抗できるだけの力をつけさせようとしたのです。

イギリスの法人がいかに強いとはいえ、弱みはありました。わざわざ海を越えて製品を運んでくるのですから納期もかかるはずですし、カタログにある全商品を持ち込むわけにもいきません。そこで、地元企業は納期を短くして売り込んだり、遠方から運んだのでは利益の上がりにくい商品を強化したりすれば、充分にイギリスに対抗できます。日本からは、そのために必要な商品開発や資金の面で支援したわけです。

地元の利を活かしてもっと知恵を出し、新しいマーケティング戦略で戦えば、お客様は地元企業にも魅力を感じてくれます。そうして、双方のＹＫＫが生き残れれば、これが一番良いわけです。商売はいつも競争があるからこそ向上します。内輪の競争に本社が口を出すのは簡単ですが、それをしていては全体の向上に繋がりません。

その一方でイギリスの法人を説得することも行いました。

まだ国内のシェアが過半数にも達していない段階で、本当に大陸へ売ることが最もメリットのあるビジネスなのか。それよりも、国内の市場でもっと売り上げを増やすほうが商売としては良いのではないか。逆に言えば、国内でまだシェアを取れていない部分をよその国から攻められたらどうするのか。このように問題提起したわけです。

日本の本社がこのときに行ったのは、完全にコンサルタント業務でした。海外進出が進むにつれ、日本のＹＫＫにはこうした役割が求められるようになっていきました。

このような調整の結果、ヨーロッパの中では全ての現地法人が競争力を充分につけていったのです。

時代の変化と共に調整の内容は異なりますが、その基本となるのは価格政策ではなく、あくまでも顧客志向にあるという点に変わりはありません。

## アパレル業界のナショナリズム

海外進出で最後の壁となったのが、ナショナリズムの問題でした。

アメリカ市場の場合、ＹＫＫは業績を拡大し続け、ファスナーを使用するあらゆる分野で自社製品を使ってもらうようになっていきました。ところが、どうしてもある分野にだけはなかなか食い込むことができなかったのです。

一口にアメリカ社会と言っても様々です。例えばニューヨークやロサンゼルスのような大都会では、いくつもの社会が形成されています。アメリカ全体を見れば、アパレル業界を握っているのはユダヤ系の人たちですが、例えば中国系の人たちなどは中国人同士のみで取引するという特殊なビジネス社会をつくっており、このような特殊な社会がほかにいくつもありました。

また、ファスナーが使われる分野も様々で、婦人服や子供服などが含まれる一般衣料、スポーツ関係、あるいは軍隊関係など、大体一〇ほどに分けられます。それぞれの分野に特徴があり歴史やルールがありますから要求されることも様々で、このような、ファスナーが使われる分野ごとにも、それぞれのビジネス社会を形成しているのです。

アパレル業界にはこのように多様な社会があるのですが、その中でも、我々がなかなか入り込めない分野があり、その典型がジーンズメーカーでした。これはアメリカの衣料業界の中では基幹産業の一つであり、文化の象徴とも言うべき社会です。そのため、ナショナリズムが我々の前に立ちはだかっていたのです。

ジーンズは約一五〇年前にリーバイ・ストラウス社から始まり、ワーキングクローズとして盛んに使われるようになり、やがてファッションとして一般化しました。こうした変遷のなかに、メーカーとしてのプライドがあり、彼らにはジーンズこそはアメリカ文化の最も守るべき砦《とりで》だという意識があったのです。

これはヨーロッパでも同様で、例えば、ルイ・ヴィトンのようなフランスを代表するような伝統あるブランドには、ＹＫＫのファスナーは使ってもらえませんでした。

こうした各国の基幹となるような企業を顧客にしたいと思い、我々はあれこれと手を尽くしたのですが、ナショナリズムの壁に突き当たり、どうしても拒まれてしまったのです。

私は一九八〇年にＹＫＫの専務、八五年にファスナー事業本部長に就任し、そうした企業のオーナーへ直接に営業をかけるため、商談の場を設けてもらったことが何度かあります。例えば、ある企業では創業者の娘さんがチェアマン（会長）をなさっていて、私と会ってはくれたのですが、こう言われてしまったのです。

「ミスター吉田、私は先代からずっと伝わっている思想ややり方を変えるわけにはいきません。うちでは先代からドイツのファスナーを使っているので、それ以外は使わないんですよ」

また、あるフランスの有名ブランドのオーナーからはこう言われたものです。

「うちはフランスというイメージを大切にしているから、フランスのファスナーしか使わないのよ」

このような例は、文字どおり、山のようにありました。

おかしなことに、日本でもこうしたナショナリズムの裏返しのようなことがあり、ある舶来のスーツを売り物にしている仕立て屋さんなどでも、「ＹＫＫのファスナーをつけると舶来に見えないから」と言われたことがあります。

このときは、こちらも売り言葉に買い言葉で、「それでは、イギリスのＹＫＫから製品を入れたら、舶来だと言ってくれるんですか」などと反論したものです。

ＹＫＫは現地主義をとっていて、海外に進出すると原材料は現地で調達しますし、従業員も全て現地で雇います。現地の材料と人とでファスナーをつくるわけですから、その製品はあくまでもその国のローカルオリジンで、その国で原産地証明を取ることもできます。

このように現地化した企業であっても、その元を辿れば日本人が起こした会社だという目で見られ、それがこうしたナショナリズムの壁を生んでいた一因だったのは確かだと思います。

このようなナショナリズムとの葛藤《かっとう》は、六〇年代から八〇年代の中頃まで続いたのです。

ところが、ナショナリズムの壁は、いくつかの要因が重なって次第に崩れていきました。

その一つは、ファスナー業界での国際競争が決着したことです。かつての日本製品には「安いけれども品質はどうなのか」というイメージが付きまとっていました。ＹＫＫのファスナーも当初はこの先入観を持たれていたのですが、八〇年代初頭には製品の信用を勝ち取るようになりました。

これに加え、アパレル業界内部にも変化が起こり、それが追い風となりました。どの国でもそうですが、守旧派に対抗し、新しいことにチャレンジしていこうとする人たちがいます。アパレルの世界にもこうした人たちがおり、製品さえ良ければそれが自国の企業のものでなかろうとも構わないと考えるようになり、ＹＫＫの製品を使ってくれるようになったのです。

ヨーロッパでもアメリカでも、こうした人たちの動きがアパレル業界の中で大きな位置を占めるようになると、それまで頑《かたく》なにナショナリズムにこだわっていた大手企業もそれまでの姿勢を見直さざるを得なくなります。フランスでは有名ブランドの若いデザイナーたちがＹＫＫを使うようになりましたし、アメリカのジーンズの業界でも、こうした変化は起こりました。

さらに八〇年代の後半にＩＴ（情報技術）が登場すると、原材料調達から生産、販売まで、全てが地球規模で行われるようになります。この頃から、アパレル業界はグローバリズムの時代に入り、ナショナリズムはその波に飲み込まれていったのです。

ナイキやアディダス、ＧＡＰ《ギャップ》をはじめとするグローバルアカウント（多国籍企業）の時代になり、アメリカでもヨーロッパでも各企業がその流れに追随せざるを得なくなったのです。

これは結果として、我々の企業努力が報われた格好になりました。グローバリズムの波が、アパレル企業の国際競争を激化させ、企業がファスナーを選ぶことについても、品質の高さや納期の短さなどといった製品の競争力本位で考えざるを得ない状況をつくりだしたからです。

このようにして、フランスを代表するブランドであるルイ・ヴィトンやアメリカ文化の象徴のようなリーバイスといった企業が、ＹＫＫを使ってくれる時代になったのです。

## 経営思想の中核は「善の巡環」

このような様々な問題を乗り越えることができた最大の理由は、日本から現地国に派遣され、その国に根を下ろして必死に道を切り拓いていった社員たちの力でした。ＹＫＫの海外進出の成功は、このマンパワーなくしてはあり得ません。この人材を育てていったのが、吉田忠雄だったのです。

ＹＫＫは理念や経営思想、考え方を大切にしてきた会社です。この理念や経営思想は吉田忠雄の経験から出ているもので、これが多くの人材を育てるのに役立ってきたのです。例えば、吉田忠雄の経営論の中で最も重要なものの一つが、同じ考え方の人間をたくさんつくっていくということでした。

同じ考え方を共有する人が広く世の中に広がっていき、小さな会社の経営者としてある土地に根を下ろし、次第にその会社を大きくしていく。このようにして様々な土地で皆が大きくなれば、ＹＫＫを繁栄させられるということです。

この方針に基づいて、吉田忠雄は全従業員を経営者にしようと考えていました。自らの経営思想をことあるごとに話し、必要な場面では何度でも何時間でも話しました。そして、吉田忠雄の経営思想を受け継いだ社員たちが、日本全国のみならず広く海外へと散っていったのです。

吉田忠雄の経営思想のうち、ＹＫＫで皆が共有すべき考え方の中核としていたのが、「善の巡環」という考え方でした。

吉田忠雄はアメリカの鉄鋼王カーネギー*の、

「他人の利益を図らずして、自らの繁栄はない」

という言葉に感銘を受けており、彼はこれを基盤に置いて経営を行っていました。「善の巡環」とは吉田忠雄がカーネギーの言葉を自分流に発展させたものなのです。

その内容の概略は次のようなものです。

まず、なるべく良い製品をできるだけ安くつくれるように努力を積み重ねます。そうすれば、例えばそれまで生産するのに一〇〇円かかっていた製品を五

**カーネギー**
1835年生まれ。アメリカの代表的な実業家。鉄鋼業で大成功を収め、「鉄鋼王」と呼ばれる。引退後は、ニューヨークにカーネギーホールを建設するなど社会貢献事業に私財を投じた。1919年死去。

〇円でつくれるようになり、五〇円の利益が増えるわけです。

そうなると、今度はこの利益をどのように分配するかということになりますが、これは三等分して、お客様、取引先、自分たちの三者で分けます（成果三分配）。自分たちの手にした利益は貯えて、次の開発などさらに発展するために使います。

利益の分配を具体的に言えば、製品を安く買えることでお客様の利益になり、我々が原材料などをさらに大量に購入することで取引先の利益になり、株主への配当や従業員の給料を上げることで自分たちの利益となるわけです。

このようにして、ＹＫＫの利益は地元のエンドユーザーや取引先企業へと還元されていくわけです。

また、自分たちの利益をさらなる発展へと使うためにプールする手段として、配当の一部を再投資するシステムや、従業員の給料や賞与の一部をＹＫＫへ投資する従業員持ち株制度などを設けてあります。これは、従業員が自社の株主となることを理想とする吉田忠雄の考え方を反映したやり方でした。

このように、「善の巡環*」の前半部分はいかにして一〇〇円を五〇円にする

**善の巡環**
詳しくは、234ページ「解説」を参照。

かという企業努力に関することで、後半はそれから上がった利益の分配についてだったのです。

この独特の経営思想を基盤として、YKKはファスナー事業を国内ナンバーワンの地位にまで押し上げていき、また、海外での成功を築いていったのです。

## 海外展開での「善の巡環」の受け取られ方

海外展開の中で、吉田忠雄が「善の巡環」という言葉を遣うようになったのは、六〇年代の後半だったでしょう。この頃に、先進国での事業がある程度大きくなり、それにつれて、企業理念を明確にする必要性を吉田忠雄が強く感じるようになっていたのです。

それまで、日本国内で様々な言葉で語っていた企業理念を海外で伝えるには、どうしても明快な表現が必要となります。海外では理念を明確にしない企業は疑いの目で見られるため、どうしてもそうせざるを得ないわけです。そこで、吉田忠雄が自らの理念を何とか簡潔な言葉で語ろうとする中で固まっていったのが、「善の巡環」という言葉だったわけです。

海外で「善の巡環」は好意的に受け取られましたが、ただ、最初の頃は後半の分配についてばかり注目され、前半の努力については忘れられがちでもありました。

吉田忠雄の考え方には儒教的な面があり、人間は説明すれば分かってくれるという性善説*に基づいていました。でも、海外では様々な文化的な土壌があり、必ずしも彼の儒教的な考え方がすんなりと理解されるとは限りません。

吉田忠雄は性善説的な考えで、自分たちの理念や方針を全ての人に分かってもらおうと、その考え方を書き出して本にしたのですが、これを英訳して海外でも読んでもらおうとすると、かえって理解されず、問題を引き起こすことにもなったのです。

ある国では、後半の三分配の部分だけを取り上げて、労働組合が現地企業のマネジメントを攻撃し始めたこともありました。

「この本では利益の三分の一は我々従業員の権利だと書いてある。それなのに、会社はそのように利益を分配していない。会社は吉田忠雄の考えに反して

**性善説**

人間が持って生まれた性質は善であると考え、それにもとづいた道徳による政治を主張した説。中国、戦国時代の思想家・孟子が説いた。

いる」

というわけです。

従業員の利益をプールして、開発に使うなどの更なる会社の発展の資金とするというのは、「善の巡環」の前半部分である努力へと結びつくことです。それが自分たちのもっと大きな利益へと繋がるというのが吉田忠雄の考え方だったのですが、これは会社が本当にそうすると信じなければ、従業員にとっては単なるピンはねの口実ではないかと疑われてしまいます。

やはり、性善説を基本とする考え方を、欧米のような性悪説*の精神土壌の国で理解してもらうのは簡単ではありませんでした。

そこで、誤解を招かないように「善の巡環」を再整理して、世の中に出すことにしました。前半の努力の部分は企業としてある意味では当然のことでもありますから、誤解を招かないように、外すことにしました。

そして、後半の分配についても、「他人の利益を図らないものは、自分にも利益をもたらさない」という部分を強調して、そのほかの細かなことについては省くことにしたのです。

**性悪説**

人の持って生まれた性質は悪だとして、礼法による秩序維持を重視した説。中国、戦国時代の思想家・荀子が説いた。

こうして、地元に利益をもたらす企業であるという部分は生かす形で「善の巡環」は再整理され、海外でＹＫＫを理解してもらうために力を発揮するようになったのです。

ビジネスマンというのは自分たちを利するためだけによその土地へやって来るのではないかと思われがちで、それが海外展開では障害となることがあります。そこへ、利益を地元に還元するという考えを明確に打ち出すことで、ＹＫＫはその国の社会に受け入れられていったのです。

ＹＫＫでは、現地法人へは日本から人を派遣してトップにしてきました。そのため、「なぜ、現地人の社長が少ないんだ」と言われることがありますが、その理由の一つは、その理念をよく理解し実行できるようにトレーニングを積んだ人でなければ、地元の理解を得ることが難しいからなのです。

単に会社の経営だけを考えるならば、現地から優秀なマネジメントを探してトップに据えればそれで済むでしょう。でも、このやり方を数カ所の現地法人で試したことがありますが、ＹＫＫではなかなか上手《うま》くいきませんでした。やはり、理念を共有するまでにどうしても時間がかかってしまうからです。

これは、外国人ではトップにできないということではありません。現に、Y*KKコーポレーション・オブ・アメリカの社長を務めているのはアレックス・グレゴリーというアメリカ人です。彼は私とほぼ同期の入社で、これもほぼ同時期に共に富山県黒部《くろべ》市で研修を受けたという人です。彼の場合は、吉田忠雄の考え方をひょっとすると私以上に理解しているかもしれないほどですから、トップにつくことができたわけです。

つまり、会社の理念や物事の進め方、考え方をきちんと語れる人を現地法人のトップとすることでYKKは信用を得てきたのであり、逆に言えば、そのような人でなければ、現地のトップにすることはできないということなのです。

最初はYKKという会社のことを誰も知りませんから、我々の言葉を聞いても相手にされなかったり、ばかにされたりということもありました。しかし、次第にYKKという会社のことが評価されてくると、我々の理念も地元のコミュニティの利害と一致するものとして評価されるようになっていきました。

こうした評価を各国で長年積み重ねた結果、おかげさまで現在では海外のどこへ進出する場合でもYKKのことを知らないということはなくなり、ナショ

**ＹＫＫコーポレーション・オブ・アメリカ**
ＹＫＫグループの世界六極体制において要となる統括会社の一つ。六極体制については第6章を参照。

ナリズム的な反発を受けるということもなくなりました。

このようにして、「善の巡環」を中核とした経営思想を全社で共有し、ＹＫＫの進出した土地の人たちにも理解してもらうことで、ＹＫＫは海外で発展していったのです。

## 「中小企業精神を持ち続けよ」

吉田忠雄の経営思想のもと、いかにして海外の人材が育っていったのか、少し具体的にお話ししたいと思います。

吉田忠雄が社員たちに伝えた経営思想の一つに、

「中小企業精神を持ち続けよ」

という考え方があります。

海外に展開するときに、吉田忠雄流の経営思想を身に付けた人が現地へと派遣されます。その後は、現地のことは全てその人に判断してもらい、小さく始めて次第に大きくしていこうと考えます。つまり、現地法人を立ち上げる人は

ＹＫＫで共通している経営思想を基盤として、中小企業の経営者になるわけです。これが「中小企業精神」です。

中小企業の経営者としての考え方を身に付けるのは、海外に派遣される社員だけではありません。吉田忠雄は、

「ＹＫＫでは、全従業員が労働者であり、経営者である」

と言っており、まるで金太郎飴《あめ》のように、全従業員が自分と同じだけの経営手腕を身に付けることを理想としていました。

そして、ある程度これが身に付いていると判断した社員を海外に派遣していたのです。

また、ＹＫＫでは現地に権限を委譲しています。大企業のように何か問題が起こっても一々それを日本にいる部長に報告して判断してもらうなどということはせず、現地で得た情報をもとに現地で判断してもらいます。そのほうが地元の情報に明るいわけですし、判断が速いからです。

今のように電子メールもファクシミリもなかった頃、海外とのやりとりにテレックス*を使っていた時代がありましたが、当時の本社にはこれが二台しかあ

**テレックス**
送信側がタイプライターの文字を打つと、受信側に印字されて出てくる通信システム。

りませんでした。その頃すでにＹＫＫは二〇カ国に事業を展開していたので、テレックスがたった二台しかないのを知って、ある新聞記者に驚かれたものです。私が、テレックスのうち一台は送信、一台は受信専用だと説明すると、彼は、たった二台で決裁や情報のやりとりができるのかと尋ねてきます。そこで、

「いや、情報は来ません。月に一回、売り上げの報告があるだけです」

と答えたところ、彼は、それでどうやって現地の法人をコントロールするのか、とさらに尋ねてきました。そこで、ＹＫＫのやり方をこんなふうに説明したのです。

「コントロールはしていません。一年に一回、海外から皆が日本に集まって、予算会議をします。各国の責任者はその席で、来年はどのようにやりたいのか表明し、それに対して全員で話し合います。そこで予算案が決着したら、あとはそれをベースに、それぞれが自分の判断で運営します。

ですから、その途中で一々日本に決裁など求めません。毎月の売り上げ報告があるだけです。だから、本社の受信用テレックスは一台で充分なんですよ」

こうしたやり方は、今のコーポレート・ガバナンス*の観点から言えば危険だ

**コーポレート・ガバナンス**
「会社は誰のものか」という原点に立って、企業システムのあり方や成果の適切さなどを監督すること。企業統治。

という意見もあるかもしれません。ですが、現場の人が基本的な経営思想と考え方さえ理解しているならば、一々本社のトップに判断を仰ぐよりも、現場にいる人の判断を優先するほうが経営の効率が良いとＹＫＫでは考えました。

「たとえ三割失敗してもいい。失敗も財産なのだから」

と考えたからです。実際のビジネスでは複雑な事情の中で判断していかなければなりません。現場の人にしか分からないような事情もあるはずで、その中で下された判断を尊重して任せていったわけです。

もちろん、このように現場の人に任せるからには、その人にはそれだけの判断力がなければいけません。それを育成するために、普段から経営の現場をなるべく多くの人たちに公開していました。

昔は毎月、役員会を開いていたのですが、これは取締役だけでなく一般の社員まで集まって行われていて、従業員数が二〇〇人ぐらいの時代には全員が参加していました。会社が大きくなり従業員数が一〇〇〇人を超えるようになるとさすがに全員とはいきませんでしたが、収容人数が六〇〇人の大きな会議室に入れるだけの従業員が集まって経営テーマを議論し、全員でそれを聞いていたのです。

このようにして、ＹＫＫでの経営思想や基本的な考え方を皆で共有しようとしていたわけです。そして、充分にこれを理解していると会社が判断し、しかも意欲のある人を海外へと派遣していたのです。

失敗を財産にするため、この経験も皆で共有しました。海外で誰かが失敗すると、それがなぜ失敗したのか、年一回の予算会議で話し合い、皆で解決策を考えます。その人はそれに基づいたプログラムを一年間自分の判断で実行し、翌年にまた報告します。このようにして、失敗例はその原因と解決策と共に、会社の共有財産となるわけです。

こうした失敗例が一つあると、それは一〇年間言われ続けたものです。吉田忠雄は、

「道場の一刀《いっとう》*流と実戦の一刀流」

という言葉を遣っていました。これは、理論も知識として必要だけれども、実戦で通用しなければ無意味だということです。

実際に現場で起こったことを例とし、それがなぜ起こったのか説明していく

**一刀流**
江戸時代の剣術の代表的な流派。

と、皆が真剣に聞きますし理解しやすくなります。また、実例がもとになった話は応用しやすくもあります。そこで、吉田忠雄は「実戦の一刀流」とはどんなものかを話すために、こうした失敗例を使っていたわけです。

つまり、これはちょうど、ビジネススクールで行われているケーススタディと同じだったのです。ただし吉田忠雄は、ケーススタディとして成功例はあまり使わず、失敗例をよく取り上げていました。そのため誰かの失敗は、実例として一〇年間も言われ続けることになったのです。

このようにして、吉田忠雄はＹＫＫの中で、皆で情報を共有し、考え方のベースやベクトルを合わせながら、各地での現場ではそれぞれの判断に任せていったのです。

ファスナーは建材のような装置産業*ではなく加工産業ですから、小さくスタートして次第に必要なものを増やし、段々と大きくしていくことができます。ある人は経営の理屈が分かっていてあまり失敗せずに大きくできますし、ある人はとんでもない失敗をしながら、それをレッスンとして身に付けながら進んでいきます。その過程は人により違いますが、失敗したことをレッスンとして

**装置産業**

生産工程において、大型の設備を必要とする産業。

皆で共有しながら、同じ失敗をなるべく繰り返さないようにするわけです。

大企業ならば、それぞれの分野に精通したスペシャリストを揃えて、一気に大きな海外法人を起こすこともできるかもしれません。ですが、ＹＫＫではまず一人で一とおりのことをこなせる経営者がいて、彼が小さく始めた企業を段々と大きくしていくという中小企業的なやり方を取ってきたわけです。

ここまでお話ししてきたように、「善の巡環」や中小企業精神など吉田忠雄の経営思想がＹＫＫという会社をリードし、また人材を育ててきました。そうすることで、国内にとどまらず海外においてもファスナー事業を発展させてきたのです。

つまり、吉田忠雄という経営者の強力なリーダーシップによって、「ファスナーのＹＫＫ」は今日まで築かれてきたわけです。

これがＹＫＫという会社を知ってもらううえで、ぜひ理解していただきたい特徴となっているのです。

YKK

第3章

# 建材事業の危機
## カリスマから離れる日

建材事業もファスナーと同様に、吉田忠雄のリーダーシップにより初期の成功がありました。ところが、次第に時代の変化に耐えられなくなり、危機的状況に陥っていきました。

この章では、建材事業がかつて経験した危機と、その頃の建材事業が抱えていた問題点、そして、それを解決するための転換点となったＹＫＫ ＡＰ設立までの経緯についてお話ししていきます。

## アルミ建材事業のスタート

我が社にとって建材事業はファスナー事業と並ぶ二大支柱です。でも、この二つの事業の生い立ちは少し違っています。と言うのは、ファスナー事業は吉田忠雄がそれこそ心血を注いでゼロから育て上げたものですが、建材事業は必ずしもそうとは言えない面もあったからです。

実は、建材事業には吉田忠雄とは別に、忠雄の長兄である吉田久政《ひさまさ》*という生

**吉田久政**

1943年に当時のサンエス商会に入社。主に生産部門を担当し、営業を担当していた次兄の久松とともに創業者である忠雄を支え、ＹＫＫ繁栄の基盤をつくる。50年頃からはアルミ建材にも力を注ぐ。副社長の地位にあった67年に死去。享年65歳。

みの親がいました。この長兄は弟の事業をサポートするために会社に入ってきたのですが、旺盛な事業欲のある人でしたのでそれだけでは満足できず、何か自分で事業をやりたいと考えたのです。それが、アルミ建材事業でした。

久政がこの事業に目をつけたのは、彼の出身地である富山県が建具の産地であったということと、アルミ合金を我が社で生産していたこととが、その背景としてありました。そこから彼は、アルミで建具をつくったらどうかと考えたわけです。

そのため、アルミ建材事業のスタート時には、アルミを使ってふすまや障子などの建具をつくっていたのですが、当時、アルミサッシが急速に伸びていたため、事業がそちらの方向へと発展していったのです。

このように、建材事業の生みの親は久政だったのですが、事業をスタートさせたもののなかなか思うようにいきませんでした。そのときに、ダイナミックな経営感覚で建材事業にてこ入れしたのが吉田忠雄だったわけです。

彼はファスナー事業で培った経験を活かし、アルミサッシの部材製造プロセスを確立していきました。また、窓の完成品までつくるのではなく、建具屋さんやサッシ屋さんにアルミサッシ用の部材を供給することだけを事業ドメインとしたのです。

吉田忠雄の経営思想には、良い商品をつくれば売れるという考え方があります。アルミの部材ならば、アルミ合金の加工技術のあるＹＫＫは良い製品をつくれます。

でも、仮にアルミサッシの窓全体を供給すると考えた場合、そこには設計の問題なども含まれてきますし、ガラス材などＹＫＫが手がけたことのない分野の材料も必要となってきますので、果たして良い製品をつくれるかどうかが未知数になってきます。

そのため、吉田忠雄は自社の技術でまかなえるアルミ部材のみにドメイン*を絞ろうと考えたのです。

このように、部材供給メーカーに特化したことで、住宅用アルミサッシでは一気にナンバーワンのサプライヤーとなることができました。そして、その地位は一九八〇年代の初め頃まで続いたのです。

**ドメイン**
本来は生物の生存領域を示す言葉だが、経営用語としては企業の事業領域を示す。

## 海外で見えてきたドメイン変更の必要性

吉田久政から始まり、吉田忠雄が軌道に乗せたアルミ建材事業ですが、時代を経るうちにいくつかの問題点を抱えるようになりました。

その一つは、住宅用にとどまらずビル用の建材も扱いたいという営業現場の声が高まっていったことです。

吉田忠雄は住宅用に限りアルミサッシの部材を供給しようとしていたのですが、顧客である工務店などでは住宅だけでなくビルの建設も請け負うところが多く、そうなると、ビル用も扱ってほしいという顧客からの要望が出るわけです。それに応えられないと、どうしても営業的に不利になるため、営業現場の声に押され、少しずつビル用の建材も供給するようになっていったのです。

しかし、これは吉田忠雄の方針に反することでした。

吉田忠雄は良い商品を安く生産するためには大量生産が必要だという考え方だったため、オーダー・メイドのビル用建材に手を出すのを避けていたのですが、その吉田忠雄の方針が営業現場の要請と相矛盾するような事態となっていたわけです。

この問題点は建材事業のドメインに関することでしたが、これを巡って、私と吉田忠雄と意見がぶつかったのです。

この対立以前、私は建材事業を海外で展開していました。これが建材事業と私との最初の接点となったのですが、この経験が私に建材事業の問題点を浮かび上がらせてくれたのです。

一九七六年のこと、当時、企画室長だった私は建材事業の海外進出を考え、最初の試みとしてシンガポールに建材の会社をつくりました。シンガポールを選んだ理由は、英語圏で仕事がやりやすかったことと、当時、シンガポールで日本の住宅公団にあたるＨＤＢ（ハウジング・ディベロップメント・ボード）という組織で、窓をスチールからアルミへと変えようという動きがあったからです。

当時のシンガポールの場合、日本の建設会社が随分と多く進出しており、私たちがシンガポールへやって来たことを歓迎してくれ、かなりレベルの高いビルに関する仕事ばかりが持ち込まれることになりました。

そこで、どうしても高い技術が必要になり、まだビル用の技術力が弱かった当時、いわば我が社のエースと言える人たちを集め、社長、工場長、営業、マーケティングスタッフへと配することで、この事態に対応しました。

シンガポールはご承知のように超高層ビルが多く、住宅と言っても当然のように高層住宅となります。その高層住宅の窓をアルミ化する際、我々が協力し、そのスタンダードをつくりました。スタンダードは我々がつくったとはいえ実際の商売ができるかどうかは別だったのですが、結局、シンガポールでの市場の四割から五割を占めることができたのです。

建材事業を海外へ展開したと言っても、その当時はまだ、海外で部材を生産していたわけではありませんから、部品をはじめ必要なものは全て日本からシンガポールへと運ぶわけです。そのため、かなり高いものにつくことになり、それでも構わないというマーケットにしか参入できませんでした。それでも、大変に貴重なたくさんの経験を積ませてもらったわけです。

シンガポールでのこの段階での仕事は、海外進出の実験のようなものでした。

これ以降の展開を考えたとき、先代社長の意向としては大きな一貫生産工場をつくってコストダウンを図りたいということだったのですが、シンガポールだけでは市場規模が小さく、とても一貫生産工場を必要とするものではありません。シンガポールでの実績では、必要となるアルミ部材の規模は月にせいぜい数十トンという単位だったのに対し、一貫生産工場の生産能力だと数百トンという規模になるからです。

そこで、シンガポールだけではなく、第二、第三の市場へと展開することになり、次にターゲットにしたのは香港でした。当時の香港では古い建物を建て替える時期にあったのですが、ここでの建て替えは、二二階建てという高さが標準となる住宅ビルで、同じスペック（仕様）の窓がつくというものだったのです。これならば、窓材の供給者はいかに安く出せるかの勝負となります。

私はここでの勝負に勝てれば世界で戦えると考えました。また、コストの勝負ならば、当時の方針が活きますから、我が社としては格好の市場でした。

この香港市場で何とか成功を収め、続いてインドネシアを第三のターゲットとすることを睨《にら》んで、この国に一貫生産工場をつくる段階に入り、ようやく海外進出の第一のステップを踏むことができたわけです。

私は企画室長として海外でビル用の仕事を経験したわけですが、そうした経験の後、日本での建材事業を見ていると、問題点が見えるようになったのです。

ＹＫＫの建材事業はノックダウン*方式でした。我が社の工場で部材と部品をつくってダンボールに詰め、それを加工店に送り出すとそこで組み立てて、家に取り付けるわけです。何尺何間という尺貫法のモジュール*のある日本の住宅では、その窓の部材も決まったものしか必要ありませんから、大量生産で生産コストを抑え、良質の物を安価に提供できます。吉田忠雄が住宅用建材のみにドメインを限定したのは、ここに理由がありました。

これに対して、私たちが当時、海外でやっていた仕事は、まるで逆でした。例えば、シンガポールでやっていた超高層ビルでの仕事は、オーダーメイドで窓をつくるということでした。

例えば、設計事務所から、このようなビルをつくりたいというイメージデザインが提示されます。このときに、彼らから窓やカーテンウォールなどをこのようにしてくれという具体的な注文は出ません。むしろ、そのデザインに近づ

**ノックダウン**

製品の部品を送り、現地で組み立てる方式。

**モジュール**

建設用語で、建物の各部分を測定するときの基準となる尺度。

けるためにはどのような窓をどうやってつくるのか、こちらの側から提案しなければいけなくなります。窓の詳細設計、総コスト、そして、窓をどうやって持ち上げて取り付けるのか、安全性はどうかなどといった施工の仕方まで、全てこちらから提案するわけです。

一つ一つのビルの設計に合わせて、そのためのオーダーメイドを行うわけですから、これは高級な一品料理を提供するようなものです。こんなものは、吉田忠雄の目からはとても商売にならないと見えたわけです。

また、ビルでの仕事では、窓に関する見積もりを我が社が出すわけですが、その中に含まれるものはアルミの部材だけには限りません。ガラス、スチール、ステンレスなど我が社以外の製品も含まれており、YKKの工場でつくられたものの割合は一五%から二〇%ほどにしかならないわけです。

このことも吉田忠雄の方針とは相容れないものでした。彼には商品を全て一貫生産するという思想があり、これがYKKにとっては伝統的な大方針になっていました。ビルでの仕事はこの大方針に反していたわけです。

ところが、日本での建材事業の実状を見てみると、吉田忠雄流の考え方だけでは対応できなくなりつつありました。日本ではシンガポールのような超高層ビルの仕事はまだやってはいませんでしたが、営業の前線では次第にビル用の建材へと足が向きつつあったのです。

シンガポールでの経験からこのような現状が見えていた私には、日本での建材事業の将来を考えたとき、ドメインを変更し、ビル用建材へも進出すべきだと思えたのです。

これが、私と吉田忠雄との、第一の対立点でした。

## プロダクト・アウトの限界

事業ドメインのほかに私が疑問に感じていたのは、規格大量生産についてでした。

当時のYKKは生産主導、すなわちプロダクト・アウト*の体制で建材事業を行っていたのですが、これにも問題があり、住宅用の分野でも営業的に苦しくなっていました。というのも、同じ部材を大量生産してコストを抑えるという

**プロダクト・アウト**
企業の判断で企画・計画し、生産した商品を市場に押し出して販売すること。

発想では、どうしても商品の種類が限られてしまうからです。

我が社とは対照的に、トーヨーサッシ（現在のトステム）が販売主導、すなわちマーケット・イン*の発想で多様な商品を用意して顧客をつかんでおり、その攻勢に対してどうしても押されがちでした。消費者のニーズが多様化しつつあり、その要望に応えられなければ、住宅用建材の分野でも勝ち残っていけなくなる危険があったのです。

また、プロダクト・アウトにはもう一つ問題点がありました。大量生産の前提となるのが計画受注です。その当時のやり方では、月一回の計画発注を受けて整然と計画生産し、コストダウンを計っていました。このため、どうしても納期が遅くなります。これは大量生産にとっては、避けることが困難な構造的な悩みでした。

一九六〇年代ならば製品の良さと安さが競争力につながり顧客をつかむこともできました。でも、時代が進むにつれ顧客の要望が変わり、製品の安さよりも納期の早さを求めるようになっていったのです。そうなると、大量生産による納期の遅さは大きな弱点になってしまうわけです。

**マーケット・イン**

消費者のニーズを最優先して、商品やサービスを提供する手法。

このような疑問を持った私は、住宅用の部材提供を主体としていたドメインを変更し本格的にビル用へも対応することと、プロダクト・アウトからマーケット・インへと方針を変更することを先代社長へ提案しようとして、議論を闘わせることになったのです。

これは八〇年代前半のことで、当時、私はYKKの専務でした。

実は、同様の疑問を持っていたのは社内で私一人だったわけではありません。建材事業に携わり、いわばなし崩し的にビル用建材の仕事を始めてしまっていた人たちは、ほとんど皆が同様に感じていたはずです。ですが、先代社長に面と向かってそう言える人がいなかったというのが実際のところだったのです。

私たちの議論は社員食堂で始まり、昼から三時くらいまで続いたものです。我が社では皆が大きな声でやりあうので、そのときの議論も社外の人が聞くとケンカをしているように見えたかもしれないほど激しいものでした。

もっとも、ファスナー事業に関して、私と吉田忠雄の間で意見がぶつかるなどということはありませんでした。ファスナーに関しては、先代が原価計算から製造技術、売り先から売り方まで心血を注いで築き上げてきたものですから、その考え方の凄さや判断力に尊敬の念を抱きこそすれ、何かがおかしいとか悪いなどという感覚を持ったことは一度もありません。

ただし、建材事業に関しては、先代が心血を注いだ、とは言いがたい面もあります。そのためか、建材事業はこのままではいけないのではないかという点が見えてきたということだったのです。

## 販社の統合

この対立以降、私は積極的に建材事業についての提案を行うようになり、なかには少々強引ではあったものの、方針の転換に成功した例もありました。

それは販社の問題についてです。

当時の建材事業でもう一つ問題となっていたのは、当時、産業会社と呼ばれていたＹＫＫグループ内の建材販社が増えすぎていたことでした。

建材事業は部材を販売店に納入するという形で進めていたわけですが、その販売店とＹＫＫとのコミュニケーションを取り、また販路を拡大する働きもしていたのがこの販社です。

こうした販社は、まず各県に一つできて、そこからある程度大きくなると小さく株分けし、若い人がその社長になるという仕組みでどんどん数を増やしていくという方針を取っていました。その結果、当時、全国の販社は約一〇〇社四〇〇拠点にも達していたのです。

このようにして増えることで日本全国に営業網ができていったのはいいのですが、あまりにも細かくなりすぎて、こちらからの情報が届きにくく、また、向こうの情報も本社で把握しにくくなっていたのです。

このため販売の現場では混乱をきたしていました。例えば、競合他社の攻勢に対応する形でＹＫＫの商品数が増えていくと、その広範な商品を、場合によってはたった一人の人間が担当しなければならなくなり、とても目配りが行き届かないというのが実態でした。

これに加えて問題だったのが、販社が増えてゆくにもかかわらず、これを統括的に把握するようなシステムが構築されていないため、商品の流通経路が整理されていなかったことです。

自社の商品であるにもかかわらず、どの品がどの販社にどのくらいあるのか誰にも分からないという信じられないような状態だったのです。

このため、販社では品物がなくなると必死にあちこちの販社や加工会社などに電話をかけて、その商品を探さなければならない状態でした。

一九八四年に、ＹＫＫの専務と兼任で、当時の建材事業で物流と販売を担当していた吉田商事という会社の専務となった私は、この点に危険を感じていました。そこで、解決策を打ち出そうとある試みを始めたのです。このような効率の悪い体制を整理するために、販社をある程度の規模のものへと統合し、コンピュータを使った情報システムで一括管理しようと考えたのです。

この年、最初にこれを試みたのは神奈川県の販社についてでした。

神奈川は大きなマーケットで、県下には産業会社が四つあったのですが、それを一つに統合し、神奈川での物流を含めた全てを担当することになりました。そうなれば、四つの産業会社に分かれていた人員も効率よく役割を分担できます。一人で何もかもを担当するなどという無理もなくなりますし、投資に関しても思い切ったことが考えられるようになります。

つまり、ある程度の規模にまで集中すれば効率化が図れるわけです。

これと並行して進められたのは、物流拠点の建設です。それまでのＹＫＫでは建材製品は各販社が自分の責任で商品を確保することを原則としていましたが、これを改め、消費の拠点に大規模な倉庫を設けてそこへ一旦商品をストックし、そこから商品を流通させるように変えることになったのです。

こうした考え方は通常の企業ではむしろ当たり前のことだったかもしれませんが、ＹＫＫではそうではありませんでした。それどころか、ＹＫＫには吉田忠雄の全ての社員を経営に参加させるという思想が尊重されており、株分けによって会社が増えることを自慢にするような人たちも少なくありませんでした。

神奈川での統合も、重役会で「社長の方針に反することをしていいのか」という声があったのを、私が押し切って決定に持ち込むという形でした。ですから、これは改革のための試金石だったのです。

そうなると、このオペレーションで失敗は許されません。初めて社長の方針とは違うやり方が試されるというので、全社が注視のなか、必死に神奈川県の産業会社統合を進めたのです。コンピュータでの管理にはまだ不慣れで、不手際な点も多々ありましたが、かろうじて最低限の成功へとこぎつけたわけです。

これが建材事業について、最初の具体的な改革となりました。

八六年にYKKと吉田商事の代表取締役副社長を兼ねることになった私は、八七年からは同様の販社統合を北海道などにも広げ、また、物流倉庫の建築も各地で進めて商品流通の効率化を図っていったのです。

ところが、残念なことにこの改革も間に合わず、大問題が起こってしまったのです。

## 欠品騒動でさらけ出された構造問題

計画生産によって構造的に納期が遅くなる。それに加えて、商品の流通経路が整理されておらず、在庫管理ができていない。この弱点が露呈し、建材事業の命運を左右するような大問題を引き起こしてしまったのは、一九八八年のことでした。

八〇年代の後半、いわゆるバブル経済の頃、住宅需要が急速に高まり住宅バブルを起こしていました。サッシ全体についても物不足を起こし、どこのメーカーでもほとんど納期がないという状態になったときに、元々納期の遅かった我が社の生産体制ではまるで対応ができなくなりました。

販社が商品を欲しがってもいつも商品がない、必死に方々を当たっても商品がどこにもないという状態に陥ってしまったのです。そのため、ＹＫＫは売り物がない会社だ、「ナイＫＫ」だと揶揄《やゆ》されてしまうほどでした。

この頃は、注文がいくらでもあったのですが、とにかく商品がなければ話になりません。我が社の製品の加工店や販売店にとって見れば、目の前に注文があるのにみすみすそれを見逃さなければならないのですから、慌てるのも無理はありませんでした。

八八年にはこの欠品状態が限界点に達し、販売の現場はパニックに陥ってしまいました。本社には連日、販社から悲鳴に近い電話がひっきりなしにかかってきたのです。

「商品はないのか！」、「早く商品をつくってくれ」、「お客が逃げてしまう！」

欠品に業《ごう》を煮やした販売店から、ＹＫＫの経営陣は激しく突き上げを食らうことになりました。それどころか、何度も注文を見逃すという悔しい思いをした店のなかには、ＹＫＫの販売店をやめようというところまで出始めたのです。

これは建材事業全体を揺るがす危機でした。

八〇年代というのは、我が社にとってファスナー事業での国際競争に勝ち、世界的なリーディングカンパニーとなった時期でもありました。この頃、その成功の立役者である吉田忠雄と彼のやり方にとことんついていった人たちには、自分たちの経営手腕に大変な自信があったのです。

しかも、ファスナーだけでなく建材事業についても住宅建材では業界トップでしたから、その成功を築いた吉田忠雄の方針に異を唱えるのは難しくなっていたのが実状でした。

そのため、彼の方針に疑問を感じてはいても、結局、ほとんどやり方を変えることはありませんでした。

ところが、この欠品問題は建材事業の経営方針にその原因があり、それを根本的に転換しなければ解決できないものだったのです。

## 建材事業再構築とＹＫＫ ＡＰの発足

欠品問題が起こったとき、私はこの問題の深刻さを肌で感じ、これは急いで解決しなければ大変なことになると直感しました。

ＹＫＫはファスナー事業で成功し、その成功体験をもとにしたやり方で住宅用建材でも成功しました。でも、このままファスナーの会社という経営体質のまま建材事業を続けていたのでは、現在起こっている問題をまともに受け止めることはできません。建材事業の体質そのものを変える大きな方針転換と、社内の考え方そのものの転換が必要でした。

ただし、その当時は、目の前に大変な問題が起こっており、ゆっくりと議論している時間はありません。そこで、私は一九八八年九月、経営会議の席で、建材事業の方針について次のような発言をしたのです。

「建材事業は簡単には立て直せない。建材事業を今までどおりＹＫＫの中でやるというのならば、ＹＫＫが建材の会社に変わるくらいの覚悟が必要だ。ファスナー事業が本業だからそれはできないというのなら、ＹＫＫとは別に建材を担当する会社をつくるべきだ。どちらかを実行しないと、建材事業の意思決定がスムーズにできない」

つまり、余計な議論を省き、建材事業の大幅転換について結論のみを述べ、それを採択するか否かと迫ったのです。

結局、後者の道を選ぶことがこのとき決定され、吉田忠雄もこれを承認しました。

こうして生まれることになったのがＹＫＫアーキテクチュラルプロダクツ株式会社（以降、ＹＫＫ ＡＰと表記）でした。

この会議を契機に以下のことが決定されました。

ＹＫＫ ＡＰは吉田商事を母体とし、その体質を全て変える形で発足することにしました。それまでの吉田商事には建材について何の経験もない名ばかりの役員も多く、正直に言ってあまり機能していない会社だったのですが、このときから機構も人材も一新し、ＹＫＫグループの建材事業の中核となり、戦略や方針を決めることになります。

ただ、生産部門は依然としてYKKに残りますが、その考え方も転換していくことになります。それまでは計画受注による規格大量生産だったのですが、YKK APの戦略に従い、細かな小ロット生産ができるようにライン生産へと転換します。

また、物流もそれまでとは違い、物流センターをつくってそこへ製品を一旦貯めて、そこから受注に応じて配送するというやり方へと変えます。このようなやり方を可能にするために、物流をコントロールするコンピュータシステムを導入し細かな納期管理を行うこととしたのです。

そして、八八年の経営会議での決定から一年四カ月、大急ぎで建材事業の体制を再構築する準備を進め、九〇年にようやく、YKK APは設立へとこぎつけ、その社長には私が選ばれることになりました。

## 「あれは息子の造反だ」

YKK APの設立を契機として、建材事業について大きな方針転換を迫っ

たことで、当時、ある経済誌で「あれは息子の造反《ぞうはん》だ」などと書かれたのですが、私は、

「造反ならいい。謀反《むほん》じゃないんだから」

と笑っていたものです。

ＹＫＫ ＡＰの設立は、ＹＫＫグループにとっては一大事件で、このような声が出るのも仕方がなかったかもしれません。なにしろ、それまでのＹＫＫでは吉田忠雄の方針に異を唱えることは事実上タブーに近いことだったからです。しかし、これには行わなければならない事情がありました。

実は、この問題が持ち上がる以前の一九八六年、吉田忠雄は脳血栓で倒れていました。幸いにして一命はとりとめたものの、後遺症が残り、もはや以前のような激務をこなせる体ではありませんでした。それでも彼は、「終生社長」という意志を貫き、経営者の地位にとどまり、車椅子に乗って週二回本社へ通い続けていたのです。言い換えれば、それほど吉田忠雄のカリスマ性が強く影響していた会社だったと言えるかもしれません。

でも、もちろん経営者としての責務は体を壊してしまった吉田忠雄に負いき

れるものではなく、必要に迫られて、私が社長の業務の一部を代行するようになっていたのです。

ですから、八八年の欠品問題のとき、建材事業の大幅な方針転換を迫ったのも、私としては造反や反発などという意志はなく、むしろ、そうしなければ会社が危険だという必要を痛感しての行動でした。

一九九三年七月三日、吉田忠雄は亡くなりました。彼はその死の数日前まで自宅で私に仕事の話を熱心にしており、まさに「終生社長」として人生を全うしました。

その月の二一日の定時取締役会において、吉田忠雄の死去により、私が二代目の社長に選任されました。この日から正式に、私はカリスマ亡き後のＹＫＫの舵取りを行うこととなったのです。

彼が倒れてから七年、時代の変化に合わせて必死に会社経営を代行する日々が続き、事業家の仕事とはどんなものか、そして経営者の重責とはどんなものか、私にも少しは分かり始めた頃でした。

# 第4章

# 新しい経営スタンス
## カリスマ喪失後のミッション経営

この章では、私がＹＫＫを引き継いでからの経営理念や方針について、お話ししていきたいと思います。それまで会社の基盤となってきた精神は受け継ぎつつも、その一方で変えていかなければいけないものもありました。それが何だったのか、先代社長である吉田忠雄の考え方との関係を明らかにしながらご説明していきます。

## ミッションは変わらない

吉田忠雄本人は自分にカリスマ性があるなどとは思っていなかったでしょう。でも、本人が一生懸命に自分の経営思想を伝えようとしているうちに、社内に強力な影響力を発揮するようになり、結果として教祖のような機能を果たすようになったのです。

そして、その経営思想を直接的に伝えられてきた人たちが、いわば宣教師のような役割を担って、組織を大きく育ててきました。

ところが、吉田忠雄がいなくなり、ＹＫＫの経営が次代へとバトンタッチされると、良い意味でも悪い意味でも、そのようなカリスマ性で組織を収められなくなります。

そうなると問題になるのは、教祖亡き後に、今までの経営思想と経営の路線を基本的に守りながら、宣教師的な人々だけでいかにしてこれまでの経営思想に基づいた運営を行うのかということです。

吉田忠雄から社長を引き継いだ私に、彼のようなカリスマ性があれば何の問題もないのでしょうが、私にはそのようなカリスマ性はありませんし、そのような役割を果たしたいとも思っていません。

ではどのように組織を運営するのかということになりますが、幸いにして、ＹＫＫはすでにここまで大きく育っており、その組織の中には基本としての経営思想が根付いています。結局、吉田忠雄が理想としたように、個々の働く人たちの中にきちんとした動機づけの生まれていることが最も望ましいわけです。

吉田忠雄自身も、強制的に「おれの言うことを聞け」、「全部おれに報告しろ」、

「おれがすべて決定する」という手法を取っていたわけではありません。各自が自主的に判断することを望み、その判断の基本となる考え方を伝えたかっただけです。それがある程度形になり、実際に動いているのが現在のＹＫＫです。

つまり、これからの企業運営も、基本は変わらないということなのです。

ただ、これからは吉田忠雄を直接には知らない人も増えてきます。これだけ組織が大きくなり、その経営思想を直接的に伝える人がいない今、それを確実に伝えるための形が必要となります。

また、現在はこれだけ情報が豊富で、経営のテクニックも高度に進んだ時代です。それだけに、単なる技術で経営するのではなく、その思想的な基盤の重要性も増していると言えます。

そこで、カリスマはいなくとも、これまでこの会社が守ってきたことを教義、教典として残し、その精神を会社のミッションとしてとらえていけばいいのではないかと、私は思っています。

この会社がこれから何年存続できるのかは誰にも分かりませんが、これが続く限り、そのミッションは続くと考えていくわけです。

吉田忠雄の経営手法を単に真似るのではなく、新しい技術、新しい手法も時代の要請に合わせて取り入れながら、一方ではこの会社の生い立ちから続く思想をミッションとしてしっかりと受け継いでいく、これがカリスマ亡き後の組織を支えていく考え方だということなのです。

おかげさまで、現在、世界の多くの国々でＹＫＫに対する一定の評価をいただいています。それをさらに高めることが会社のミッションを果たすことに繋がると思っています。

それには、我々が提供する商品がその時代において最も魅力的なものでなければなりません。コストにしても品質にしても、あるいは商品に対するＲ＆Ｄ、商品の納期などのサービスなど、ハードの面でもソフトの面でも、いつもお客さんに喜んでもらえるものを生み出す会社であるということです。

もちろん、競合他社の皆さんも手をこまねいて待っていてくれるわけではありませんから、互いに競争し、お客様の要望に的確に応えるような体制をつくり、努力を重ねるわけです。

例えば最近、ルイ・ヴィトンからの要望を受けて、これまでとは全く違った素材のファスナーを開発しました。また、シアーズ・ローバックが一〇〇周年を迎えたときには、ジャケットの前開き金具をお年寄りにも使いやすいものにしてほしいと要望され、新しいコンセプトの金具を開発しました。

このようなワン・トゥ・ワン・マーケティング*は、最大利益の追求から言えば、効率の悪いことになりますが、我々のミッションから言うならば、目の前のお客様に喜んでもらうことこそ大事なことだととらえてきたわけです。

お客様の利益になることには協力する、このようなミッションを明確に意識した経営こそ、カリスマ亡き後にも変わらない組織運営を可能にするものだということなのです。

## 振り子をゆり戻す

私は、YKKの二代目社長として、振り子をゆり戻すことがその使命かもしれないと考えています。この会社は良くも悪くも先代社長の理念や方針に基づいて成長してきました。次の世代がそれを引き継ぎ、今という時代の中で更な

**ワン・トゥ・ワン・マーケティング**
顧客一人ひとりの情報の蓄積をベースにして、「個客」に対し最も適切なマーケティングを行うこと。

る成長をしていくためには、中には踏襲して守っていかなければいけないものだけでなく、行き過ぎを少し戻さなければいけないものもあるはずです。

吉田忠雄の方針で行き過ぎた振り子というのは、例えば、組織の分散という問題があります。ＹＫＫは中小企業精神を大切にし、全員が経営者という気概で、日本全国に数多くの販売拠点を設け、あるいは世界中に現地会社を展開してきました。一人ひとりが経営者という理念がエネルギーとなって、ＹＫＫの繁栄を支えてきたと言ってもいいでしょう。

ところが時を経て、ファスナー事業はグローバリゼーションの時代になり、建材事業も多様な商品を求められるマーケット・インの時代に入ると、こうした分散が組織の非効率を生み、顧客の要請に十分な対応をする際の障害となってきたのです。

そうなると、これまでの方針を修正して、組織を分散から集中へと向かわせなくてはならない面も出てくるわけです。

でも、一般的に言って、サラリーマン社会では創業社長に楯突いてまでその方針に異を唱えるのは難しいでしょう。社長と同じ釜の飯を食い、苦楽を共にしてきたという人ならば別ですが、そうではない一般的なサラリーマンの場合、創業社長の決めたことに反対するのはなかなかできないのが現実です。そうなると、時代の要請に合わせて、あるいは行き過ぎを調整するために、創業社長の方針に手を加えるという役は、限られた人にしかできないことになります。

このような時期に私がＹＫＫの二代目社長となったのは、あるいは、「その役をせよ」という運命のようなものだったのかもしれません。

私でなければやりにくい方針変更の例はいくつかあるのですが、最も典型的なのは社名の問題です。

吉田忠雄が亡くなった翌年の一九九四年、我が社はそれまでの「吉田工業」から「ＹＫＫ」へと社名を変更しました。創業者は吉田忠雄ですし社内には吉田家の人間が何人かおりますが、この会社は決して吉田ファミリーのものというわけではありません。その意味で社名から「吉田」の名前をなくすことにしたのです。

実は、このことは先代社長の意にも沿っていたのですが、現実問題として、ほかの人たちには「吉田の名を社名からなくしたほうがいい」とは言い出せなかったでしょう。

また、吉田忠雄の影響力があまりにも強すぎて、その方針が行き過ぎてしまうことも、ままありました。特に晩年では、彼自身が自分の方針に少し頑《かたく》なだった面もありますし、社内で吉田忠雄の言葉に過剰に反応しすぎるという面もありました。

これは笑い話ですが、吉田忠雄の「ゴルフ亡国論」というエピソードがあります。あるとき彼が、「銀行や会社の経理部などが経費を使ってゴルフをするのはけしからん」と言い出し、ゴルフがそのうち国を滅ぼすというような話をしたことがありました。それが周囲に伝わると、もう誰もゴルフの話ができなくなり、「君はゴルフをやるのか」と尋ねられると、皆が「いいえ、やりません」と答えるようになってしまい、ＹＫＫはゴルファーがいない会社になってしまったのです。

でも、実際には密かにゴルフをやる人はいましたし、遠い海外ではゴルフを楽しんでいる人は珍しくなかったのです。

実を言えば、吉田忠雄本人もゴルフが好きで、「あんな広大な芝生の上で一日過ごせるのは幸せだ。ゴルフはいい」と言っていたほどでした。

つまり、彼の「ゴルフ亡国論」は、会社の経費で遊ぶなと言いたかっただけで、別にゴルフを禁止しろという意図ではなかったのです。それにもかかわらず、社内が彼の言葉に過剰に反応してしまったというのが真相でした。

そのため、私が二代目となり、「来年から私もゴルフをやります」と言うとそれが伝わって、それまでいなかったはずのゴルファーが社内にどっと現れました。

強力なリーダーシップのある人が会社にいると、このようなことが起こり得るものです。企業の歴史の中では、それを修正し、振り子をゆり戻す人も必要です。

YKKの場合、たまたま私にその役が回ってきたのだと思っているわけです。

## 変わるものと変えてはいけないもの

YKKの経営思想を築いたのは吉田忠雄ですが、「会社は永遠だ」と彼は言っていました。ひょっとすると、自分自身も永遠だと思っていたのかもしれません。もちろん、人間には寿命があることは承知していたでしょうが、いつまでも自分が社長でありつづけるつもりで、「終生社長」という言葉を遣っていました。

新聞などで、「そろそろ社長交代か」などと書かれ、取材が来ても、私は、「ちょっと待ってくれ。そろそろですか、というのは吉田忠雄がそろそろ死にますかと聞いているのと同じだ。言うことは何もないよ」と言っていたものです。

吉田忠雄が我々によく言っていたのは、自分が死んだときの準備をするより、皆がしっかりとＹＫＫの考え方でやっていけるかどうかを考えろ、ということでした。

ベースとなる考えをしっかりさせて、徹底して性善説に基づき、全員が善意のもとに最大限の努力をしていけば、最も効率の良い組織になる。これが究極の組織論だ。

このような考えが吉田忠雄にも我々にもありました。

ただ、現在のように組織が巨大になり、世界中に広がるようになると、現実には間違いが起こらないように、牽制したり、チェックしたりすることも必要になってきます。

私はアメリカのビジネススクールで、性善説とは根本的に違うところから出発している考え方もあると学びました。アメリカのビジネスのやり方では、人間には間違いや悪意のあることを前提とし、それを予防することを目的とした措置を講ずるわけです。

現実の社会を見ていると、日本でもアメリカでもいろいろな企業の不正問題が起こりました。そのようなことも実際にあるのですから、このような予防措置をとっておかないと、金融機関や企業の評価機関などが、「この企業は万一のことがあったとき大丈夫なのか」という目で見るのはやむを得ません。

そのため、ＹＫＫの思想をベースにしながらも、そこにグローバルな判断基準を満たすだけの予防的な構造を加えることにしたのです。

それが経営監査室の創設でした。従来から監査役会というものはあったのですが、これとは別に、我が社の経営理念に沿って事業が行われているかどうかという観点から経営をチェックする部署です。

一見このことは単に組織を改変するだけのことのように見えますが、実はそれまでの経営思想に反するような面があり、簡単な問題ではありません。一方ではコストを必死に下げようとしているのに、もう一方ではそれをチェックする人に高い給料を払うわけです。もし何も起こらなければ、このような予防措置にかかるコストはムダですから、会社が小さいうちはこのようなことをしようなどとは、とても考えられないことです。

つまり、かつての小さな企業の頃の経営方針ではあり得なかった措置も、組織が大きくなると、やらざるを得なくなってしまったのです。

もし、誰かに、「あなたは仕事をするときにいつもチェックされていたいか」と尋ねられれば、「それは嫌だ」と皆が答えるでしょう。また、我々も本心を言えば、このような予防的なものが不要な組織でありたいのです。

自分の中にいる善人と悪人のどちらを選ぶのか、あるいは成果を上げるための方法のうちどれを選ぶのか、こうした判断を的確にできるように各人が自分を高めてほしい。そうなれば、チェックなど不要になる。

これが、我々がベースとしてきた考え方です。ですから、このような精神は残しつつ、組織の形態だけは変えていきたいわけです。

いくら形態を変えても、精神の部分を徹底しない限り、良い会社にはなれません。チェックをどんなに強化してもエクセレントカンパニーになれるわけではないのですから、肝心の本業を良くしていくためにも、これまで信用を築いてきた思想を残していかなければいけないわけです。

時代の変化は、企業経営に様々な変更を求めてきます。でも、自分たちの根本にある精神だけはしっかりと一人ひとりの中に根づかせていかなければ、これからの繁栄はあり得ないのです。

経営者としての私には、このバランスを見極めて舵取りを行うことが求められていると考えています。

## 古い衣は自然にほころぶ

吉田忠雄から引き継いで私が二代目社長になったとき、あまり得点主義的に考えて急激な変化を求めてはいけないと思いました。もし、あのときのＹＫＫが倒産寸前ですぐにでも立て直さなければいけないというなら別ですが、実際にはあの時点で会社はそのような状況ではありませんでした。ですから、じっくりと考えていっていいのではないかと思ったのです。

新しい社長として評価が定まるまでは不安定ですから、私としても焦ってしまう気持ちもないではありませんでした。社長が変わったのだから何か打ち出さなければいけない、何か成果を出さなければいけない、そんな気持ちも一方ではありました。

また、私の目から見ても、当時のＹＫＫには「これはおかしいぞ」という面がたくさんありました。それは経営の根本的な思想や会社のミッションということについてではなく、もっと個別のやり方に形骸化したルールや定義があったのです。これは時代を経るにつれて古くなってしまったもので、これをもっと新しい時代に合わせるべきだと考えていました。

でも、私はいきなり外からＹＫＫにやって来た社長ではありませんし、それまでもずっと会社の中にいて皆と共に働いてきたわけですから、ＹＫＫという船の進んでいる方向は分かっています。その進路については会社の中にも様々な意見があるはずで、それまではなかなか言い出せなかった人もトップの交代によって発言を始めると私は見ていました。ですから、何かを変えるなら、そうした意見をまとめていけばいいと考えたのです。

時代に合わなくなっているルールを取り払ったり補修したりすることはいくらでもできます。ただ、そのような表面的なことを行うよりも、もっと根本的なところを総合的に整えることのほうが大切です。経営は全体が一つのバランスをとって成り立っていますから、ある部分が古くなったからといってそこだけを変えても問題は解決しません。

例えば、今までの人事制度が古くて、良い人材を採用しにくい状態だからといって、その人事制度だけ変えれば全てが解決するのかと言えば、そうではないということです。単にパーツだけを取り替えるようにして一部の制度を変えるのではなく、新しい人事制度を練りこんでも全体のバランスがとれているような、新しい形へと全体を変えなければ会社は上手《うま》く機能しません。

つまり、全体像を構築しないと、一部だけ新しくしても会社をおかしくしてしまうだけになる危険があるわけです。

会社の全体像は、トップに立ってみないと分からないことです。まだ吉田忠雄が生きていたときに、私が横から見て「おかしい」と思えたことは確かに変えなければいけないものでしたが、立場を変えてトップに立ち、全体像からそれを判断するとどう見えるのかは分かりませんでした。

私は社長就任のときに「古い衣は自然にほころぶ」と言ったのですが、それはもう少し我慢しなければならないという気持ちからでした。表面的な古いものを取り払うのにエネルギーを注ぐのではなく、その中身をバランスよく時代に合わせなければ意味がありません。表面的なものは時間を経れば自然にぼろぼろになり、取れていきます。そのときに、どんな中身が見えてくるのかが大切だと思ったのです。

これは時間との戦いです。中身がまだ整わないうちに、時代の変化のスピードに負けて古い衣が機能しなくなりはしないか、そのような葛藤《かっとう》が私の中にはあり、それは今でも続いています。

## 「善の巡環」を新しい世代の言葉へ

リーダーの交代は企業の信用に関するデリケートな問題を含んでいます。特に、前の経営者が個性の強い人だった場合、その交代の仕方を誤れば、それまでの信用に大きなダメージを与えかねません。

海外進出の初期は大変に苦労をしたのですが、次第に評判が雪だるま式に大きくなり、ＹＫＫは、世界のどこへ行っても現地になじみ、有益な企業になっているという評判ができていったのです。現在では初めての国へ進出する場合も、その土地の人がＹＫＫをすでにご存知で、我々の進出を歓迎してくれるようになりました。

そうなると、今度はその評判を落とさないためにも、世界中の一カ所たりとも過ちは犯せないようになります。先代社長と諸先輩方の築いてくれたものを引き継ぎ、しっかりと管理を徹底するのは、今、働いている我々の世代の責務となっており、その動向は他の国からもしっかりと見られています。

このことを典型的に表していたのが、先代の急逝に伴い、私が社長を引き継いだときに、オランダのスネーク市長から届いたメッセージでした。「社長就任おめでとう」と、そこにはまず書いてありましたが、その趣旨は次のようなものでした。

「あなたは吉田忠雄とは違うから、絶対同じ経営にはならないはずだ。あなたはどのような思想とどんな方針を打ち出すのか」

私は戸惑いながらも先方に、従来の説明を繰り返し伝えました。

「これまでも、ＹＫＫは社長一人が全てを決定して、社員はそれに従うだけという会社ではありませんでした。皆が経営者であり、従業員であり、株主でもあるという会社です。吉田忠雄の言葉を借りれば、若い苗木も皆に守られながら育ち、周囲にまた種を広げていき、大きな森になる、そんな具合に皆が育ってきたのです。そうした人の多いＹＫＫで、経営者の交代があったからといって企業文化が急に変わるなどということはありません。ですから、経営の思想も方針も、基本的にこれまでと同様です」

ですが、私の言葉は、どうしてもそのまま信じてもらうというわけにはいきませんでした。この事実から、海外ではそれまで良好に続いていたＹＫＫの経営が何かおかしなものへと変わるのではないかという危惧を持たれていると感じました。

確かにヨーロッパの経営者を基準にすれば、経営者が変われば必ず会社は変わるはずだと思われても仕方がないかもしれません。

上の世代に押さえつけられていてできなかったことを始めるのではないか。あるいは、何か手柄を立てるために派手な振る舞いをするのではないか……。そのように思われていたようです。

私は正直に言ってこのとき、「これは大変だ」と思いました。前の世代が世界中で築いていたＹＫＫの良いイメージを、我々の世代がどのように引き継ぐのか、それを明確な形で示すことが求められていると痛感したからです。

こうなっては、単にこれまでと変わらないと言うだけでは納得してくれないでしょう。そこで、たとえその本質は先代のままであっても、私自身の言葉で方針を発表するよりほかはないと考えたのです。

ただし、それには少し時間が必要でした。と言うのは、私がこのとき考えていたことは、「善の巡環」を含めて吉田忠雄がこれまでに残してきた言葉を、もう少し整理して伝えるということが必要と思ったからです。

ＹＫＫには、先代経営者である吉田忠雄が経営理念について話してきた言葉が多数あり、いわば吉田忠雄語録のようなものとして残っていました。

例えば、「資本はローンと考えよ」という言葉があります。これの意味するところは、株主が一番偉いのではない、ということです。会社組織では、働いている人を株主の下に位置づけてしまいがちですが、株主からの資本をローンだと考え、それに対する金利を払う、つまり配当をすれば、働いている人も立派な借主だと思えるようになります。

これは資本主義に反するような考え方かもしれませんが、当時の労働者と株主の社会的な地位を考えて、その心理的なバランスをとるために敢えてこうした言葉を遣ったのだと思います。

吉田忠雄にはこのような資本主義に反するような言葉もいくつかありました。それぞれの状況や時代にあってはそうした言葉も必要だったはずですが、それをそのまま字句どおりに引き継ぐと、かえって真意に反してしまいます。

そこで、吉田忠雄語録の基本理念は残しながらも、新しい形へとこれを移し変えて、新しい言葉の方針を打ち出さなければなりませんでした。

そこで、吉田忠雄の時代には経営理念と呼んでいたものを、「吉田忠雄精神」という言葉に置き直し、その下に私が新しい時代に必要だと思っていた考えを位置づけて、新しいＹＫＫの理念として打ち出すことにしたのです。

実を言えば、これは理念というよりも、オペレーション上で注意すべき点といった意味合いのものでした。

例えば、慶應義塾の場合も、建学した福澤諭吉*の理念がありました。でも、新しい塾長が引き継いだとき、それに重ねて新たな理念を出すというのもおかしな話です。かと言って、時代が変われば、新しい考えが入らないというわけにはいきません。そこで、慶應義塾は福澤諭吉の精神のもとにあり、そこへ時代と共に運営や運用の理念が変わっていくという具合に考えれば上手く整理できます。

私がそれまで吉田忠雄の経営理念と呼ばれていたものを「精神」という言葉に置き換えたのも、ちょうどこれと同じでした。

**福澤諭吉**

1835年、中津藩士の家に生まれる。アメリカ、ヨーロッパに渡った後、慶應義塾を創設。『学問ノススメ』などを著す。1901年死去。

こうした考えで、新しいＹＫＫの経営思想を表現することにしたのです。

## 「更なるコーポレート・バリューを求めて」

吉田忠雄がその経営思想の中核としていたのは「善の巡環」であり、私が経営者となったときにもこの基本を変えるつもりはありませんでした。

でも、社長交代によって変化があるのではと考える人がいましたし、また私自身も、急激にではないにせよ、時代に合わせた変化は必要だと思っていました。そこで、その新しい部分を加えて、それまでのＹＫＫの経営理念を再整理しようと考えたのです。

こうした意図をこめたのが、新しい理念として発表した

「更なるコーポレート・バリュー*を求めて」

という言葉だったのです。

私が社長に就任した時点ではＹＫＫの海外展開はかなり進んでいましたが、地域によってその経営思想や理念の浸透度に格差が生じていました。一九五〇

**コーポレート・バリュー**
企業価値。株式時価総額など財務的な価値のほか、「ブランド」といった数字で表せない価値基準など、様々な評価尺度がある。

年代や六〇年代に現地法人ができて、すでに基本理念に基づいた経営基盤が熟成されている地域と、最近できたばかりでまだ熟成が進んでいない地域との差が大きく、しかも、この後さらに新しい地域へと海外進出が予定されていました。

このような状態の中で、「善の巡環」ということだけを説いていたのでは、まだ考え方が定着していない地域では経営体としてレベルアップしていかないと考えたのです。

それまでは吉田忠雄が、結果的にはカリスマ的な役割を果たすことで、会社のレベルを引き上げていきました。でも、そのカリスマは失われたわけですし、今度は社員自身の動機づけによって、会社のレベルを高めていかなければなりません。それに、「善の巡環」のみを指標としていたのでは、すでにかなり熟成度が高い地域では動機づけとして弱くなります。

そこで、新たな言葉を必要としたということなのです。

コーポレート・バリューとは、今会社の置かれているポジションという意味で、最近の言い方ではブランドと言っていいかもしれません。それぞれの国で、

ＹＫＫという企業の持っているブランドとしての価値をさらに高めていこうという約束をすることで、レベルアップを図っていこうとしているわけです。

「更なるコーポレート・バリューを求めて」という言葉は、カリスマに引き上げられて成長するのではなく自らの意志で成長するための指標として、あるいは地域によるレベル差のある現在でも共通の動機づけとなる言葉として、提示したものだったのです。

## フェアネスを求められる時代

企業価値をさらに高めることを理念とし、これを企業内の一人ひとりが自らの動機づけとすることを求めたわけですが、その具体的な指標として、七つのキーワードを提出しました。

その言葉とは、**顧客**、**社会**、**社員**、**経営**、**技術**、**商品**、そして**公正**の七つで、これからのＹＫＫはこの七つについて質を高めていこうという意味です。

もっとも、このうち顧客から商品までの六つについて質を高めるということは、吉田忠雄の時代から言っていた当たり前のことを、形を変えて言い直しただけです。

ここにあえて付け加えたのが公正、つまり「フェアネス」ということでした。吉田忠雄の時代では性善説を前提としていましたから、全ての人は良い人であり、必ず互いに理解し合って和がつくれるという考え方でした。

ＹＫＫが進出している地域は必ずしも性善説が前提となっている社会ばかりではありませんが、吉田忠雄が生きている頃ならば「善の巡環」を粘り強く説いて、和を保つこともできました。

しかし、我々の時代になると、地域ごとのやり方の違いから現地企業同士の対立が生じ、「善の巡環」だけで解決することは難しい局面が多々あり、この対立をＹＫＫの本社が調整するように求められるようになっています。

あるいは、お客さんとの関係や地元社会との関係で問題を生じる場合でも、本社が判断しなければいけないことが多くなります。

そんなとき、ＹＫＫが性善説をとり、究極的には分かり合えると信じていても、まず目の前の問題を解決するために行動しなければなりません。そこで必要となってきたのが、「フェアネス」です。

このようなジャッジメントに説得力を持たせるには、たとえ完璧に正しい判断はできなくとも、「フェアネス」を志向しているということを打ち出すことで、かなりの効果となります。公正さがあれば、完璧ではなくとも、議論を妥当なところへ着地させられるということです。

このときに、本社が権力づくで判断や方針を押し付けてしまうと、それがどれほど深い思想を含んでいたとしても、民族間対立を招きかねません。

ファスナーが小さな部品だったことが幸いだったのかもしれませんが、YKKは世界のあらゆる地域でビジネスを展開してきました。その中には、それこそイスラエルとパレスチナのように、戦争をしている双方の当事国とさえ同時に商売をしているケースもあります。そのようなケースで問題が起これば、調整の仕方次第では危険なことになるわけです。

また、中国やアラブなど世界には大変に商売に長《た》けた民族があり、商売に関する高い文明があると私は思っています。そうした人たちとともにビジネスを展開するには、ときには協力し合い、またある意味では戦わなければいけなくなります。このときにも、こちらの立場に「フェアネス」がなければたちまち信用を失い、その地域でＹＫＫをボイコットされかねないわけです。

自分に利益をもたらす考え方は誰でも喜びますが、自分の利益に反することは誰でも嫌います。どれほど商品を良くし技術を向上させ、地元社会に根付いていっても、考え方の違う地域間のビジネスでは、それだけでは解決しない問題もあるわけです。

「フェアネス」はＹＫＫが国際的に大きく拡大した時代には、どうしても必要な要素となってきていました。これをキーワードとして加えたことは、最も私らしい部分だったと同時に、時代の要請でもあったわけです。

## 情報公開が企業価値を高める

現在、ＹＫＫは株式を公開していませんし、これからも上場企業になるという考えはありません。これは創業者である吉田忠雄の経営思想に反する面があるからです。

株式を公開すれば手持ちの株券に額面の何倍もの値がつくかもしれませんが、それを売却して利益を得るということに対し、吉田忠雄には反発がありました。利益とはあくまでも額に汗して得るものという考えだったからです。

また、彼は労働者が経営にも関与し、同時に会社の株主でもあるということを理想としていました。そのため、従業員持ち株制度をつくり、給与や賞与の一部を自社の株式購入に当てさせていました。

会社の歴史が長くなって従業員が増えていき、一時はこの理想もなかなか実態が伴わない状態だったのですが、一九九二年から恒友会*など従業員の持ち株組織を活性化させていきました。そして、恒友会をはじめとした従業員や元従業員、その家族などの持ち株の合計がだいたい半数となっています。

このように、YKKの株式の多くは自社の関係者が持っているのですが、もし株式を公開すれば、これがYKKとは無関係の人の手に渡ることになり、吉田忠雄の理念に反することになるわけです。

ただし、株式公開をしないことには、不都合な面もあります。株式を公開しなければ、自社の経営状況などを公開する法律上の義務を負わずに済み、その

**恒友会**

YKK恒友会。YKK(株)の従業員持株会で会員数約12000名。第2位の株主にあたる。

気になれば嫌な情報は隠しておけることになります。

これは二つの意味で危険です。一つは、経営陣の独断専行がまかり通りやすく、仮に良くない状況に陥っていても自浄作用が働きにくくなることです。もう一つの危険は、会社の情報を公開していないことにより、取引先など会社の外の人たちからそのような問題のある会社ではないかと疑われてしまうことです。

かつてとは違い、現在のように会社が大きくなり、また、世界の広い範囲でビジネスを展開するようになると、このような理由で信用を失うわけにはいきません。

特に、ＹＫＫの場合、創業者である吉田忠雄や私をはじめとして、吉田家の人間がこれまで何人も社内にいたため、あたかも吉田ファミリーが自分勝手に支配している会社のように思われてしまう危険があります。吉田の人間が多い理由は、それまで小さな企業だったためなかなか人が来てくれず、単に慢性的な人材不足に陥っていたからで、結果的に親族の手を借りて会社運営をしてきたというのが本当のところです。

吉田忠雄には会社が吉田家のものなどという気持ちはまるでなく、私が入社してても後継者にしようなどと考えていなかったことは、すでにお話ししたとおりです。全ての従業員を自分のような経営者に育てようとしていた彼にとっては、むしろ、全ての従業員が自分の子供のようなものでした。

会社の公共性については、私にも吉田忠雄と同様の感覚があり、ＹＫＫの次の経営者を吉田家の人間からなどという気持ちはありません。

株式公開をしないからといって会社の情報を隠しておいては、痛くもない腹を探られるようなもので、無用な危険を抱えることになってしまいます。ですから、会社の情報公開は上場企業並みに行ってきています。

社外へもマスコミの方々を通じて積極的に経営情報を開示していますが、社内に向けても行っています。

元々、ＹＫＫでは経営情報を全ての従業員に伝えるという原則がありました。これは会社が巨大になって少し形は変わってはいますが、その原則は今でも守り続けており、九二年から始めた恒友会への説明などで、社員に経営情報を積極的に伝えています。これは恒友会集会と呼んでおり、私と二人の副会長とが三日ずつ分担して、全国の九カ所でかなりの時間をかけて説明を行い、経営課題を社員と共有するように質疑応答を丁寧に行っています。

ＹＫＫは独自の経営思想があるため株式公開は行いませんが、上場企業以上に情報公開を行っている企業であると自負しています。そうすることこそ、我々が掲げている「更なるコーポレート・バリューを求めて」という理念に沿うことだと考えているからです。

# 第5章

# YKK APでの改革

## 建材事業で行った方針転換の実際

この章では、ＹＫＫ　ＡＰ設立で私が行った建材事業での方針転換についてお話しします。組織の分権から集権へ、プロダクト・アウトからマーケット・インへ、事業ドメインにビル建材を含めること、そして直販を強化した新たな販売対策など、いくつかの重要なポイントを選び具体的にご紹介していきます。

## 物流管理のシステムを構築

一九八八年に建材事業の再編が決定され、それが九〇年のＹＫＫ　ＡＰの発足へと繋がるわけですが、この再編の契機となった販売店のＹＫＫ離れは、緊急に解決しなければなりませんでした。

もちろんこの二年間にただ手をこまねいて見ていたわけではなく、販社離れを食い止めるために、大急ぎで手を打っていったのです。

納期遅れが発生した最大の理由は、物の流れがキチンと把握されていなかったことにありました。物流倉庫をつくったり販社を統合したりなど、商品流通を整理するためのハード面はできつつあったのですが、商品流通の問題を解決するには、ソフト面の整備が欠けていたのです。

つまり、何がどこにどれだけあるのかという情報を統一的に把握して管理する情報システムをつくらなければ、この問題の根本的な解決にはならないということです。

物流をコントロールするコンピュータシステムを大急ぎで構築するため、これが社内で決定されると、さっそくその翌日には当時の日本IBMの副社長においでいただき、具体的に相談を始めました。当時、日本IBMは、競合会社であるトステムのメインサプライアーだったのですが、トステムとは別に、きちんと分けてお付き合い願うということを確認したうえで、私はこちらの要望をお話ししたのです。

「我々の条件は、一年以内にプログラムを全部作り上げて、一年以内に少なくとも一カ所でオペレーションが実際にスタートできるというスピードが必要だということです。それ以上は待てません。この条件で見積もりを出して、それが可能かどうか言ってください」

一年と期間を限定したのにはわけがありました。販売店離れはすでに進んでおり、それを食い止めるために新しい会社をつくって建材事業のやり方を変えると知らせることで、迷っている販社を一時的に繋ぎとめている状態でした。それで、販売店のほうでは本当にそのようなことができるのかと、我々の動きに注目していました。

このような形で彼らを繋ぎとめておけるのはほんの一時のことで、ある程度の場所を限定してでも一年で結果を出さねばならないと私が考えたほど、当時の状況は厳しいものだったのです。

結局、ＩＢＭがこの条件を可能だと判断したため、年内に契約を結ぶことになりました。

約一年後、このシステムが稼動し始めると、納期が劇的に短くなりました。その日の正午までの受注はすぐにコンピュータで処理し、夕方には物流倉庫から製品が出荷され、翌日の朝には受注先の販売店へ商品を納入することが可能となったのです。

これにより、販売店などの不信感も消えていき、欠品問題のパニックは収束していきました。

この物流システムはＹＯＵＲＳ《ユアーズ》という略称で呼ばれ、東京都荒川区に建設した情報センターのホストコンピュータで、全国の工場、販売網、物流センターを結び、このネットワークでＹＫＫの建材の在庫状況などを全て一括管理するものです。

実際には、このシステムが完成するにはもっと時日が必要で、開発を開始してから二年後に全国の物流をコントロールできるようになったのです。

## 時代の変化とＹ販の統合

それまで組織の分権に偏っていたやり方を改め、組織の一部を統合して集権化し、効率を高めようとしたことは重要な方針転換でした。

第三章でお話しした産業会社*統合はその典型なのですが、一九八八年にＹＫＫ ＡＰの設立が決定されてからもこの動きを進めていき、九〇年には全ての都道府県でこの統合ができ上がりました。一県一社の販社体制の社名を「ＹＫ

**産業会社**
YKKグループの建材販社のこと。114ページ参照。

ＫＡＰ＋県名」とし、略して「Ｙ販」と呼ぶこととしました。

さらに、全国を一〇のブロックに分けて支店を置き、ブロック内のＹ販の活動を支援し統括することで、この体制は完成したのです。

この新しい体制によりＹ販の活動の効率化を図ったわけですが、これが従来の方針とどのようにちがっていたのか、それがなぜＹＫＫ ＡＰにとって必要だったのか、経営理念との関連についてもう少し詳しくお話ししたいと思います。

第三章でも触れたように、従来の体制では販社が増えすぎ、一時は産業会社の総数が九六社、販売拠点では四〇〇にも達し、かなり若い人たちがその責任者になっていました。このように多数の販社があることは、地域密着営業として我が社のパワーとなっていただけでなく、若い人が経営責任者となることによって大きな責任感を感じることになり、ＹＫＫの経営者候補を育てるという機能を果たしていた面があります。

吉田忠雄には、会社の全員が労働者であると同時に経営者でもあるという思想がありました。でも、ただ耳からこのような言葉が入ってくるだけではなかなか経営者としての責任感は育つものではなく、実際に経営を行う立場になってこそ、身をもって経営を覚えることになるものです。このような販社の拡大はその思想に沿った方針でした。

ところが、新しい体制ではこの販社を統合し数を減らそうというのですから、当然、社長という肩書きの人は減ることになります。そのため、この方針転換は吉田忠雄の考えに逆行するように見え、事実、当時の社内にはそのような批判もありました。

吉田忠雄の精神を大切にするという意味では、やみくもに社長という肩書きの人を増やすことよりも、社員一人ひとりを真に経営者へと育てることのほうが重要なはずです。上手《うま》く機能しない小さな会社の社長であるよりも、手腕をより発揮できるような環境の会社の課長であるほうが、むしろその人が将来経営者になるには有意義なことかもしれません。

当時、私はこのように考えており、産業会社の統合で吉田忠雄の精神に反発などする気持ちなどありませんでした。それよりも重要だったのは、産業会社の体制が時代の変化に適応できていないため、これを急いで修正したいという気持ちだったのです。

かつては、たとえ経営手腕が足りなくとも、あるいは若くて経験不足であっても、とにかく若さに任せた推進力が会社を発展させるパワーとなった時代がありました。住宅用サッシなど当時としては新しい建材の新規需要を全国で掘り起こしていくには、がむしゃらな若さが武器となったはずです。つまり、アルミ建材の需要を拡大していった頃には、この体制が時代に合っていたわけです。

しかし、アルミ建材が一般化すると、今度は各社がシェアを争う時代に入りました。また、エンドユーザーの要望も変わり、それぞれの好みに合わせた多様な品揃えを求められるようになってきたわけです。それに合わせてYKK APでも扱う商品の品目が増え、管理上のシステムも複雑になっていったのですが、そうなると、小さな販社の長は、雑多な仕事に忙殺されて販売にエネルギーを注ぐことが難しくなっていったのです。

また、統合することで社長の数は減ったわけですが、実は、事業部単位での販売拠点はむしろ増えていきました。支店、営業所というセリングユニットはかなり数が増え、当然、その責任者の数も増加し、若返りも図りました。このようにすることで、若い人たちはそれまでのような過剰な仕事から解放されて、もっと特定の分野にそれぞれの人のエネルギーを集中させることができるようになったわけです。

産業会社の統合とは、社員を全て経営者にという吉田忠雄の精神をなるべく損なわない形で、時代の変化に合わせようとした結果なのです。

## プロダクト・アウトからマーケット・インへ

改革でもう一つ重要なのは生産体制の方針転換でした。それまでの体制では市場動向に対応しきれずに、欠品問題を引き起こしたことはすでに述べましたが、このほか、商品開発についても問題がありました。

そこで、従来のプロダクト・アウトではなくマーケット・インへと体制を転換し、いかに消費者のニーズを捉えて商品を生産し開発するかが重要になってきたのです。

それまでは、大量生産によりコストをとにかく削り、少しでも高品質で安いものを提供することで競争力を得ることができました。しかし、時代が変わり、消費者が多様な商品を求めるようになると、それまでのような、製造サイドの都合による商品開発では消費者のニーズに応えられなくなっていたのです。

従来は、競合他社が出した商品のうち最も売れている物を見極めてから、同様の商品を出していたため、結局は他社の後追いばかりになっていました。YKKAPでは、こうした消極的な商品開発ではなく、マーケットの動向を見定めて、消費者のニーズに応える商品を他社に先駆けて出せるようにしなければならないと考えたのです。

そのために導入したのが、プロダクトマネージャー[*]制度です。これは住宅建材の主な商品ごとに責任者を置き、生産から販売、商品開発までを一貫して管理するというものです。その商品に関してはその責任者があたかも社長のような大きな権限を持っており、商品別のマーケティングを行えるわけです。

この制度の狙いは、商品ごとのエキスパートを育てるということでした。例えば出窓ならば、そのプロダクトマネージャーは常に出窓に関するマーケティ

**プロダクトマネージャー制度**

職能部門など縦割りのラインに交差させる形で商品ごとの担当者をおき、新製品の開発から商品化および販売までを一貫してマネジメントさせる制度。

ング、調査、分析を行い、それに基づいて新しい出窓の戦略を立案します。これにより、市場ニーズに即した生産や商品開発を行うことが可能となるわけです。

また、市場に敏感な体制を整えるのに欠かせないのは、情報を的確につかんで処理することです。それには情報システムが必要となるため、市場動向を的確につかみ、ユーザー業務の円滑化と利便性を向上させる目的で、ＹＫＫオリジナルのパソコンとそのソフトを開発し、よりユーザーに近い商品開発を行えるようにしました。

ＹＫＫ製パソコンにはＦＡＣＥ《フェース》シリーズ、そのソフトにはＰＣ‐ＹＯＵＲＳなどがあり、これらは、顧客へのプレゼンテーションツールとして機能するシステムで、販売管理からビル用建材の見積もりや住宅建材の見積もりなどを行えるものです。

これらの開発は、コンピュータやＩＴを駆使して顧客にもっと接近しようというのが狙いでした。

このように、ＹＫＫ　ＡＰでは生産の体制から商品開発、そして情報処理の体制まで整えて、プロダクト・アウトからマーケット・インへの転換を図っていったのです。

## 両国にR&Dセンターを開設

プロダクト・アウトからマーケット・インへの転換として象徴的な出来事だったのは、東京の両国にR&Dセンターを建設したことでした。この施設は、通常の企業ならば本社が備えているような機能がそれまでのYKK本社には欠けていたため、これを補塡し充実させたものという面がありました。

吉田忠雄は「本社に金をかけるな、全部の金を工場に投資しろ」とよく言っていました。この考え方を反映して、YKKでは工場は大規模で最先端のものであったのに対し、本社は小さなあまり見栄《みば》えのしない建物で、お客様をお招きするのにはあまり相応《ふさわ》しくない場所でした。

そんな本社でもファスナー事業に関しては支障がありませんでした。ファスナー事業では、商談のためのスペースやショールームなどといった、顧客の皆様と接する場があまり必要ではないからです。建材事業に関しても、住宅用建材を工場からノックダウンで販売店に卸している時代には、そうした本社でも我慢できました。

しかし、ＹＫＫ ＡＰを設立して、商品開発に力を入れたり、販売店とのやりとりを頻繁に行うようになったりすると、どうしてもお客様を招くような場所が必要になってきたのです。

また、その頃、トステムが本社をつくり、そこに日本最大のショールームを開設しましたが、我々の一部にはそのことを脅威だと感じた人もいました。

このような事情があって、両国にＲ＆Ｄセンターを開設することになったのです。

Ｒ＆Ｄセンターの機能はまず、協議の場を提供することです。これまでの開発はもっぱらプロダクト・アウトでしたので、主力工場のある富山で主に行われていました。ところが、時代が変わって、商品開発にマーケット・インの発想が要求され、しかもスピーディに行わなければいけなくなると、開発の舞台が地方では不便になってきたのです。

マーケット・インの体制をとると、営業との話し合いや顧客との商談そのものが商品開発に繋がったり、様々な分野の人を集めて商品を開発したりする必要が出てきます。そうなると、開発の中心は東京にあるのが望ましいということになります。そこで、折衝したり開発者が集まったりという場を東京に設けることにしたのです。

もう一つの機能は、外部の人へのプレゼンテーションを行う場を提供することです。例えば、外部の人に集まってもらって会議を行う場合、ＹＫＫ ＡＰの商品を知ってもらうことが前提となることがあります。それには商品をお客様に見てもらうショールーム的な機能が必要になってくるわけです。

かと言って、常設のショールームが必要かと言えば、少々これは疑問です。我々の商品であるファスナーにしろサッシにしろ、その特性はあくまでも部材です。ファスナーは洋服やカバンなどの一部ですし、サッシは住宅やビルの一部であり、それだけを取り出してショールームをつくってもあまり意味はありません。

トステムの場合、ドメインが住宅設備一般ですから、それらを総合的に演出して見せるショールームは顧客への説得力を持ちますが、YKKやYKK APの場合にはあまり必要のないものです。

そこで、ショールームではなく、プレゼンテーションルームを設けることにしたのです。商品を並べておいてそれを見てもらうのではなく、やって来るお客様に合わせたプレゼンテーションを行うこととし、そのために便利なスペースを用意しておくわけです。

例えば、ハウスメーカーのA社さんがいらっしゃる、あるいは超高層建築の設計事務所の方がいらっしゃるといったことは事前に分かります。そこで、それぞれのお客様に合わせて、プレゼンテーションを行うことに、コンセプトを徹底することにしたのです。

もう一つの機能はソフトをつくることです。プレゼンテーションを考えた場合、それは両国だけでなくあらゆる場所で行うようになるのが望ましいわけです。それを可能にするには、プレゼンテーション用のソフトが必要です。かつては、代理店に頼んで映像ソフトなどをつくっていましたが、R&Dセンターができてからはここでそのソフトをつくることにしたのです。

つまり、R&Dセンターではプレゼンテーションを行うだけでなく、そのためのソフトもつくれるわけです。

典型的に言えば、R&Dセンターでのプレゼンテーションはこんな具合に進みます。まず、ここでプレゼンテーション用のソフトをつくります。次に、我が社の営業マンや販売店の人などが集まり、そのソフトを最初に使ったプレゼンテーションが行われます。その結果を見てソフトを修正し、改定されたソフトを全国にばら撒いて、日本中の営業マンがそれを使ったプレゼンテーションを行うわけです。

R&Dセンターの機能とその狙いは以上のようなものでした。

現代はソフトの時代となっています。我々は両国にR&Dセンターをつくることで、商品開発やプレゼンテーション、ソフト開発などを行い、この時代に対応しようと考えたわけです。

それまでの本社に欠けていた機能は両国のR&Dセンターの開設でひとまず補えました。ですから、現在でも秋葉原の本社は相変わらず小さな見栄えのしない建物のままです。

こうすることで、ＹＫＫは先代の考え方の基本は守りつつ、新しい時代に対応しようとしたのです。

## 高技術集団・カプルスとの提携

事業ドメインを変更し、ビル用建材の分野にも積極的に参入していくことも大きな方針転換でした。ビル用建材に関しては、一九八〇年代当時、国内における超高層ビルの分野が弱かったのですが、このてこ入れが重要な課題でした。

その頃、中低層ビルでは実績があったものの、超高層ビルではほとんど実績がなく、この分野にはなかなか参入できなかったのです。

もっとも、シンガポールなど海外では超高層ビルの仕事も多数手がけていたのですが、日本国内ではこれがほとんど評価されていませんでした。

こうした現状に活路を開いたのが、八九年にアメリカの建設会社Ｈ・Ｈ・ロバートソン社のアルミ建材事業部であるカプルス・プロダクツ・ディビジョンと結んだ技術提携でした。カプルスは超高層ビルのカーテンウォール市場において世界最大の実績を持ち、そのデザイン力、技術力は世界一です。

カプルスがそれまでに手がけてきたものには、シカゴのシアーズタワーや、あの悲劇のあったニューヨークのワールド・トレード・センターなどが含まれ、現代の最先端として知られる世界でも名だたる建築物が目白押しです。

この業界のなかでのカプルスの地位とは、F1のコンストラクター*のようなもので、それに比べれば当時のYKKはファミリーカーのメーカーのようなものだったと言えます。

実は、この技術提携のきっかけとなったのは、ある人を通じそのカプルスをYKKで買収しないかという話が持ち込まれたことでした。当時、カプルスは香港で大きなプロジェクトを全力でやった後であり、業界のマーケットが非常に冷え込んだ時期とも重なって、一時的に受注能力を失い、経営危機に陥っていたのです。

この話が持ち込まれたとき、私はカプルスの世界的な名声と実力を知っていましたから、買収のようなおこがましいことはできないとお断りしました。その代わり、何か手助けができないかと考えたのです。そこで提案したのが、

**コンストラクター**

車両をつくり自動車レースに出場する製造業者。F1の場合は、チームがコンストラクターであることが義務づけられている。

うことでした。

我々が水先案内人となって日本のマーケットで一緒にプロジェクトを行うとい

カプルス単体で不慣れな日本市場に乗り込んでも、受注から施工まで全てをやるのは難しいでしょう。そこで、YKK APが良き水先案内人となって、日本市場で仕事を行う手助けをしますとオファーを出したところ、先方が喜んでこれを受けてくれたわけです。

この提携はカプルスのためになるだけでなく、YKK APとしてもまたとない好機だと考えていました。カプルスと手を組むことで、日本国内の超高層ビル市場へ参入することができるかもしれないと考えたからです。

もう一つ、良い機会だと私が思っていたのは、カプルスと仕事をすることで、YKK APの技術力を一気に向上させられるということでした。

その当時のYKKは建材分野において一般レベルの技術力しかない企業でしたが、将来を考えたときに技術力の向上は不可欠です。そうした時期に、技術の塊のような企業と共同して仕事をやれるのですから、まさに渡りに船といったところでした。

こうしてＹＫＫ ＡＰはカプルス事業部をつくり、カプルスは実益を求め、我々はスタッフの技術向上を目指して協力体制を敷きました。その結果、日本での大きなプロジェクトにもかなりの数で参入することに成功し、国内の超高層ビルの分野でも、ＹＫＫ ＡＰは評価されるようになりました。

また、こうしたプロジェクトでは、カプルスのスタッフがＹＫＫ ＡＰのチームと議論を交わしながら進めていき、確実に我々の技術力は向上していったのです。

このように我々との提携もあってカプルスは再建されていき、提携の契約が切れた現在も、特別な良い仲間という関係を保っています。

ところで、カプルスとは様々な形で協力し合ってきたのですが、ちょっと変わったものとしては、世界の著名な建築家を招いてのシンポジウムを開くということをしていました。毎年、そうした建築家を一人招き講演会を行い、日本のトップ建築家の皆さんと議論を行ったりしたのです。

このようなことから、世界最高峰の仕事に関して、様々な事情が見えるようになってきました。建築の世界では、世界的に見ても突出してレベルの高い建物や構造物を専門的に引き受ける一握りの集団があります。カプルスもその例にもれず、ミスター・カプルスとも呼ぶべきボンゾン氏*というデザイナーなどがそうです。

ボンゾン氏などは、いつも宇宙を見て仕事をしているようです。彼は宇宙を飛ぶ飛行物体の外装を考えており、そうした視点で地上での建物の外装も見ているそうです。すると、建物が五〇年、一〇〇年と存続していくためには、風や日照など様々なものが問題として浮上してくるわけです。また、風による音鳴り、地震が居住者にもたらす恐怖感など、解決すべき問題がいくつも見えてきます。

このような問題を解決しようとするのはまさにF1レベルの世界ですが、カプルスとの提携によりこうした世界を垣間《かいま》見ることで、YKKそして後にYKK APは技術力を大きくレベルアップするエネルギーをもらうことになりました。

こうして、カプルスとの提携は、付加価値の高い超高層ビル市場への参入と、技術力向上という大きな成果を上げることになったのです。

**ボンゾン**
米国カプルス社のチーフデザイナーを務め、シアーズタワー、ワールド・トレード・センターなど世界の超高層ビルの設計を担当した。

## 販売店の将来ビジョン

それまでの販売体制を改革し、販売店のあり方を見直すということも重要な方針転換でした。

吉田忠雄の時代には、ＹＫＫの製品を取り扱ってくれる店を非常に優遇していました。先代はサッシの部材提供というドメインに限定していた代わり、そのドメインに関しては販売店などでのＹＫＫ製品取り扱いの比率をできるだけ高くしようという努力をしてきました。

ですが、ＹＫＫ　ＡＰの設立以後、販売店を縛るようなことはやめました。例えば、ある販売店がＹＫＫ　ＡＰの商品だけでなく他社の商品も扱いたいと考えたとしても、私にはそれを妨げる気持ちはありません。むしろ、販売店の本来の機能を考えるならば、それこそがあるべき姿だとさえ思っています。

時々比較されるのですが、競合他社では販売店を管理下に置いて囲い込むことで営業力の強化を図ろうとしているようですが、我々の販売店対策は正反対だと言えるかもしれません。

これは、販売店について、私が一般とは少し違う思想を持っていることから来ています。

今から十数年前のバブル期、YKK APができた直後の頃、北海道で販売店の集まりがあり、そこで商品開発やメーカー支援について販売店の皆様から厳しく追及されたことがあります。

「メーカーとしてどう考えているのか、ホンネで話せ」

そこで、販売店に関する私のホンネをお話しすることにしたのです。

「皆さんはYKK APに色々な助けを求めていらっしゃる。商品についても競合他社はこんな商品を出しているのだからYKK APもつくれ、とおっしゃっている。そのことは我々も大変なことだと思っているし、対応していくつもりです。

でも、本来ならば販売店の皆さんは、良いものがあるのならば、メーカーを問わず、どんどん扱えばいい。エンドユーザーや工務店が売れ筋の商品を求めているのなら、それを提供するのが流通の仕事のはずです。販売店というのは、エンドユーザーや工務店などに、そのとき一番いいと思われる商品を提供するのが本来の使命でしょう」

こう言ったところ、「何を言い始めるんだ。あんたはＹＫＫ ＡＰの社長だろうが。ＹＫＫ ＡＰの商品を買ってもらいたくないのか」と販売店の皆さんは怒り始めました。

そこで、私はこう続けたのです。

「いや、ホンネで言えとおっしゃるから、そのホンネを言ったまでです。

私としては、皆さんがそれぞれの地域で一番良い物を扱って、その地域で一番優位性のある会社になろうとして下さるのが最も嬉しいわけです。

逆に言えば、ＹＫＫ ＡＰはその皆さんに選んでもらえるような、一番良い商品を出していくんだという決意を持っているからこそ、こんなことを言うのです。

それに、他社の商品も扱えばいいというのは、ＹＫＫ ＡＰの系列である皆さんだけでなく、他社系列の販売店にも言いたいことなんです。もし、他社の販売店にも私の考え方に賛同してもらえるなら、ＹＫＫ ＡＰの商品を売るということなんですよ。

販売店はメーカーに関係なく一番良いものを提供する。メーカーは系列を超えて販売店に商品を卸す。これが消費者の一番望んでいることなんじゃないですか」

このときは、私の意見を聞いて販売店の皆さんは混乱したようですが、それも無理はありませんでした。

それまでは、メーカーと販売店にはお互い依存し合っているという関係がありました。それなのに、これからはその依存を捨てて、販売店はメーカーを問わずに一番良い物を仕入れるし、メーカーも販売店の系列を超えて売るべきだというのですから、それまでとは正反対のやり方です。当時の常識としては、到底受け入れがたい考えだったでしょう。

私としても、いきなり販売体制を流通の本旨に沿うように変えてしまうつもりではありませんでしたが、私の流通についての思想は基本的にこのようなものであり、少しずつでもそちらの方向へと販売体制をシフトしていきたいと考えていたのです。

## 直販体制の強化

これからの建材業界は流通の変革を避けて通れないでしょう。それに備えるには、我々の意識のレベルから変えていく必要があり、これはＹＫＫ　ＡＰの人間に限らず、建材の流通に携わる全ての人たちに当てはまることです。

そうした気持ちから、私は販売店の人たちにこんなことを言ったことがあります。

「今日から皆さんをお客様とは呼びません」

この発言は、二〇〇一年二月に両国で行われた会議でのことで、このときには日本中から有力な販売店が二〇〇社弱集まっておられました。その席で私が開口一番、このようなとんでもないことを言い出したため、多くの方々はいったい何を言い出すのかと驚いておられたようでしたが、私の発言の真意はこうでした。

ＹＫＫが建材事業を始めてからの長い年月、吉田忠雄の時代もＹＫＫ　ＡＰ

の設立後も、我々にとって販売店こそがお客様でした。ＹＫＫは販売店に対して製品を売り、それで代金を回収するわけですから、直接の取引先である販売店をお客様だと呼ぶのは当然で、誰もそれを疑わなかったわけです。

ですが、実際に我々の商品に誰が最終的にお金を払ってくれているのか、我々の商品を誰が使ってくれているのかと考えると、それはエンドユーザーであり工務店や建設会社だということになります。

つまり、我々の商品にとって、マーケットとはエンドユーザーと住宅やビルを建てる人たちのことであるはずなのです。それならば、我々がお客様と呼ぶべき相手は、この人たちでなければなりません。

そう考えると、販売店はお客様というよりも、むしろ、我々と共に商品を売る活動をするパートナー、あるいはエージェントと呼ぶべき存在であるはずです。

これからの建材流通を考えるとき、その本質を見誤っておかしな道を進まないようにするためにも、もう一度流通の本旨に則《のっと》った意識を持つ必要があると思い、このような発言を行ったのです。

また、私の先の発言には、流通変革を見越して、早いうちに販売経路を見直そうという気持ちも含まれていました。少々露骨に言うと、それまでのやり方では販売店へのマージンの問題やサービスのレベル向上が進まないという問題もあり、ビジネスが成り立たない場面も出てきていたのです。

そこで、二〇〇一年からは、そのような場合には販売店を通さずにＹＫＫ ＡＰが直接に顧客に対して商品を売る、直販の体制を強化することにしたのです。

住宅系の分野に特需事業部を設け、ハウスメーカー*などに建材を直接販売しておりましたが、住宅建材事業部にも直需営業部が設けられ、地域の有力ホームビルダー*へ直接に販売するという体制にしました。このようなホームビルダーへの販売は、日本全国にそのエリアが広がっているため、地域だけをカバーしている販売店を通じてだけでは調整の難しい点もありました。そのため、こうしたホームビルダーへの販売を直接行うことで、この問題を解決しやすくしたわけです。

このように直販を強化したことで、販売店によっては、「我々はどうなるん

**ハウスメーカー**
全国広域対応の建築業者。
**ホームビルダー**
地場対応の建築業者。

だ」と腹を立てる人もいたのですが、そうした人に私はこのように言いました。

「あなた方には独自のファンクション（機能）があるでしょう。それを活かして、あなた方でなければ売れない相手に売ってください。メーカーが直接には売れない相手に、独自のサービスを提供するということを、あなた方にはしていただきたいのです」

私の考えていたこれからの販売店の位置づけは、このようなものでした。

このような体制をとってから、従来のルートを通じた販売も依然としてあるのですが、直需の割合が確実に増えつつあるという傾向になっています。

もっとも、直販の体制を整えたと言っても、YKK APにとってルート販売というのは依然として無視できない比重を占めています。

全国には一万五〇〇〇から一万六〇〇〇の販売店があり、各地の販売店を通じて、そのエリアのホームビルダー販売も行われているため、ホームビルダー向けの販売を直需営業部で全て行うというわけにもいきません。

ただ、個々の販売店を見れば、後継者問題などもあり、ルート販売の数字が次第に小さくなりつつあるのも厳然とした事実です。

この事実を踏まえ、一方では直需を行える体制を整え、もう一方では販売店のファンクションを個々の店ごとに強化していくことにしたのです。

販売店強化とは、販売店の皆さんにメニューを差し上げて、将来どのような販売店を目指すのかという将来像に応じた対応策を考えていくというものです。

例えば、後継者がいないので販売店は当代限りというお店の場合、なかには従来どおりのやり方を続けるので構わないでほしいという人もおります。また、もう二代目が後を継いでおり、このままではやっていけないので、将来どのような業態を目指せばいいのかというご相談を受ける場合もあります。

販売店の将来像としては、リフォームやリモデルに対応できる店という選択もありますし、そのようなものは扱わないという選択もあります。

このように、個々の販売店の考え方や状況に応じて幅広いメニューを用意し、かなりオープンに話し合いながら対応することにしたわけです。

販売店を囲い込むことはシェアを確保するのに役立つ一方で、各販売店が自分たちで経営しているという実感を失い、ひいては販売店レベルでの営業力の弱体を招きかねないという面もあるように思います。そのため、YKK APでは販売店が今後どのような方針を取ろうとしているのか、どのようにしたいのかという意向を尊重して、必要とされているサポートを行っていくという方針を取っています。

YKK AP設立から十数年が経ち、時代は確実に建材流通の変革を促すようになってきています。YKK APも流通の本来あるべき姿に近づけるべく、販売体制の変更を行うことにしたというわけです。

## 建材事業の製販一体化

この章の最後に、建材事業の建て直しのために必要だった機構再編について述べたうえで、この改革の全体像をまとめてみたいと思います。

YKK APの設立の趣旨は、

「建材事業を行う別の会社をつくる」

ということにありました。そのため、YKK APの設立が決定したときから、この改革は建材事業を一体化する方向にあったと言えます。

ＹＫＫ ＡＰ設立時には、生産はＹＫＫの建材製造事業本部が担当し、販売を主に担うのが四七都道府県に四七あったＹＫＫ ＡＰ販売（Ｙ販）であり、商品開発と生産計画、物流や販売計画などを統括的にＹＫＫ ＡＰが担うという形でした。

つまり、この時点ではＹＫＫ ＡＰは建材事業の中核ではあっても、重要な機能の一部がＹＫＫ本体とＹ販に分かれていたわけです。

これを一体化しなければ、当初のように「建材事業の会社をつくる」という意図は達成できないわけです。でも、私はこれを急ぐつもりはありませんでした。ゆっくりと時間をかけて、自然な形で建材事業をＹＫＫ ＡＰへと一体化を進めつつあります。

すでに述べたことも含めて、建材事業における機構再編の概略を整理してみます。

まず、全国に増えすぎていた産業会社を都道府県ごとに統合し、ＹＫＫ ＡＰ設立の一九九〇年にはＹ販体制を完成させました。

次に、ＹＫＫ　ＡＰの直販を強化していき、販売体制がＹ販との二重構造となっているのを解消するため、二〇〇一年に全国四三都道府県のＹ販を全てＹＫＫ　ＡＰに合併しました。これで、販売体制が簡素化し、効率的な営業が可能となったわけです。

そして、二〇〇二年にはＹＫＫ　ＡＰをＹＫＫの完全子会社とし、二〇〇三年一〇月にはＹＫＫの建材製造事業本部をＹＫＫ　ＡＰへと移す予定です。これで、製造と販売が分離していた体制がようやく一つになるわけです。

これが完成すると、建材事業は全てＹＫＫ　ＡＰへと統合され、当初の趣旨どおりとなるわけです。

また、この間に行った方針転換をまとめれば次のようになります。

まず、プロダクト・アウトからマーケット・インへ生産体制を転換したことです。それまでのような大量生産によるコストダウンで勝ち抜く時代が終わったことを踏まえ、ユーザーの要望に応えられるよう多くの商品を揃える多品種生産へと変えていきました。

次に、販社の組織を分権から集権へと転換したことです。全国隅々まで販売網を展開して草の根作戦で業績を上げていく時代は終わり、短い納期で商品を納め、市場のニーズに素早く応えて商品開発することで顧客をつかんでいく時代へと変わっています。それに対応するには、サプライチェーン*を効率化し、物流も情報も一括的に管理しなければいけませんでした。

販売体制についての見直しも行いました。それまでのように、全国の販売店に頼るのではなく、直販体制を強化し、ハウスメーカーなど大手の顧客にＹＫＫ ＡＰが直接販売できる形を整えました。また、販売店とメーカーの相互依存体質を変え、販売店もメーカーもそれぞれの業態の本旨に帰り、ユーザーの利益をめざすよう改革を進めています。

そして、もう一つは事業ドメインの変更です。かつての「住宅建材中心、ビル建材は脇役」という考えは時代の流れに合わず、事実上、形骸化していました。そこで、積極的にビル用建材の分野にも打って出ました。

これにより、従来の一貫生産の姿からは外れることになったのですが、超高層ビルや海外市場など、大きな可能性を秘めたマーケットを狙えるようになったわけです。

**サプライチェーン**
供給者から最終顧客まで、受発注、資財・部品の調達、在庫、生産、配達なども含めた、モノやサービスが動く流れ全体。

これらの改革を支えたのは、有能で意欲的な人材でした。ＹＫＫ ＡＰの設立が決定されると、私は世界中に展開しているＹＫＫグループの中から「これは」という人を選んでＹＫＫ ＡＰに迎え、また、国内で建材事業に携わる人たちの力を結集していきました。彼らの多くは吉田忠雄から直接に経営を教わり、その経営思想をもとにして手腕を磨いた人たちです。

有能な人材に腕を振るってもらうために、一九九九年からは執行役員制度*を導入し、二〇〇〇年からは成果・実力主義の人事制度へと移行しました。

ＹＫＫ ＡＰ設立から一三年が経過しています。私は改革を急ぐつもりはありませんでしたが、これだけの機構改革や方針転換を行うのに、一三年という時間が長すぎたとは言えないでしょう。

時代の変化に合わせるため、多くの改革を行ってきた建材事業ですが、その基盤にある精神は今も変わらないと私は思っています。

**執行役員制度**

商法上の責任を負う取締役と、実際の経営および事業の執行に当たる執行役員を分ける経営体制。執行役員は株主代表訴訟の対象とならない。

Wide YKK

# 第6章 新時代に向けて YKKグループのビジョンとミッション

最後の章では、これから注意すべき時代の流れについて私なりの見通しと、ＹＫＫ全体がこれからどのように変わろうとしているのかについて現在の考えをお話しします。まず、建材業界の流通変革について、次に海外展開について、そして最後にＹＫＫグループ全体の組織再編について述べていきたいと思います。

## 〝製造小売業〟の時代

まず、建材事業の今後を展望するうえで、避けては通れない流通システムの変革について私の見方をお話ししていきたいと思います。

ＹＫＫ　ＡＰの狙いの一つは、大量生産のみを考えていたそれまでのプロダクト・アウトから、消費者のニーズにより適確に応えていくためのマーケット・インへの転換を図るということでした。

ところが、最近は再びプロダクト・アウトが重要性を増し始めています。

ただし、誤解をすべきでないのは、今度のプロダクト・アウトはかつてのものとは違うということです。

製造サイドが営業よりも力を持ち、生産計画のもとで規格大量生産された商品をマスに向けて売っていくというのが旧来のプロダクト・アウトでした。

これに対し、自社の思想を提示し、その思想を商品という形で様々な消費者に提案してみるというのが現在のプロダクト・アウトです。

この新しい感覚の、いわば〝質の高いプロダクト・アウト〟こそが、現在の製造業には求められているということなのです。

このような時代の要請を物語るものとして、近年の製造小売業の成功があります。

最近のことですが、私は中央官庁のある人に、次のように尋ねられたことがあります。

「世界中のアパレルが大変な動きになっているけれど、どうも日本を見ると、勝ち組ではなく負け組に入ってきている。日本のアパレルでは、在庫は溜まるわ、各社の利益は出ないわで、非常にまずいことになっている。

つまりは、勝ち組に入れるような、国際的に通用するブランドが日本のアパレル業界では開発できていない。

あなたのところは世界的なアパレル企業と付き合いがあるはずだから、彼らと日本企業とで何が違うのか教えてほしい」

このように問われて、各社の実際のことについてはそのままお伝えするわけにはいきませんでしたので、大体次のようにお答えしました。

日本経済が右肩上がりの時代は何をつくっても売れました。ですから、売れ残った物を後でどのように処分していくかという仕組みをつくれば、極端な言い方かもしれませんがそれで良かったわけです。

ところが不況の時期に入り、さらにインターネットの時代になって世界中から物がどんどん入ってくるようになると、アパレル商品をつくっても、いったいどれだけ売れるのか誰にも分からなくなってしまっています。

また、プロセスの複雑さも、アパレルの見通しを悪くしています。製造のプロセスや材料の供給先は様々なところに分かれていますし、流通過程を見ると大変複雑になっていますし、例えば小売の現場でも事情は複雑で、マージンの問題なども絡み合っています。

このように、製造過程にしても流通過程にしてもあまりにも複雑すぎるため、いったいその商品でどのくらいの売り上げと利益が上がるのか予測しにくくなっているわけです。

こうして、あまりにも複雑にチャネルや人が介在しすぎているために、結局、全部が儲からない。つくりすぎれば全て在庫として溜まってしまうという悪い状態になってしまいました。

ところが、欧米などの強いブランドではいち早くこの問題を解決しています。彼らも、以前は日本において、有名デパートなど有力な販売チャネルを頼りにしてやってきて、なかなか売り上げの数字が伸びませんでした。そこで、強いブランドでは、メーカーが直接に小売店を営業するようになったのです。

これが、製造小売業（ＳＰＡ）です。

近年、銀座、あるいは表参道などに有名ブランドが次々と豪華な直営の基幹店を開いて話題となりました。あれで本当に儲けが出るのかと一見思われるかもしれませんが、あれほどの巨費をかけても、それまでのやり方で流通の過程で落ちていった費用を考えると、充分な利益が残ります。

また、それに加えて重要なのは、どの店頭で何がいつ売れたのかという情報をリアルタイムで直接手にすることができるということです。これにより、追加生産や新たな商品開発をスピーディかつ有効に行えるわけです。

結局、このようにして、アパレルの分野では、ＳＰＡを展開する欧米ブランドが非常にいい思いをして、それ以外のところは困難に直面しました。日本の場合、製造小売形態を大手アパレルメーカーは始めていますがユニクロがその最たるものだったと言っていいでしょう。

このように、アパレルの勝ち組のカギは何かと問われて、それは製造小売業だと、私はお答えしたわけです
長期的に見て、流通と製造というのはある意味では競合関係にあり、ある意味では補完依存関係にあります。消費者にとってみると、流通と製造のこの関係がいつも意識されている状態であれば商品の質もサービスも向上しますから、このほうが好ましいはずです。

アパレルで現在上手《うま》く機能している製造小売業も、長い歴史の中から見ると、

流通と製造のあり方が変遷していく中の、ほんの一幕に過ぎないのかもしれません。もし、これから流通が劇的に進化を遂げてしまえば、このようなやり方はもう通用しなくなるということもあり得ると私には思えるのです。

複数のメーカーに対して情報を即座に的確に提供し、消費者に対しては最も良い商品を常に提供できるという体制を整えた流通が登場すれば、製造小売業も新たな困難に直面するはずです。メーカーにとっては、むしろそのほうがいいのかもしれません。

このような、きちんとした流通が存在しないからこそ、メーカーが小売業をやるということがこんなに注目されてしまっているのではないでしょうか。

このような目で流通を見ると、日本のアパレル業界も遅れていますが、残念ながら日本の建材業界はもっと世界から遅れていると言わざるを得ません。

## 建材業界の流通革命

世界的にSPA方式が浸透してきているアパレル業界を見て、では、建材業界はどうかと考えてみると、同じような構図が見えてきます。アパレルと同様、建材、建設の業界では製造、流通ともにそのプロセスは複雑で、これが様々な障害となって商品が売れにくくなり、利益率が下がってしまうのです。

そう考えると、建材メーカーにとっての問題の打開策も、このような流通構造の変革という方向にあると見たほうが良さそうです。

実は、アメリカではすでにこのような建材分野の流通構造の変化が起こっています。

アメリカには「ホームデポ*」という会社が以前に脚光を浴び、現在では建材流通の大きな部分を握ってしまっています。

それと言うのも、ホームデポでは圧倒的な建材の品揃えを誇り、しかも、それを卸の値段で小売しているからです。つまり、様々な建材メーカーの商品を比較して自由に選べるうえ、どこよりも安価に購入できるわけです。

しかも、その商品の性能や特性といった情報も充実しており、そのうえ、住宅の設計までパソコンを使って顧客自身でできるようになっているのです。

このように、ホームデポは小売店ではありますが、住宅建設に必要なあらゆ

**ホームデポ**
日曜大工や家屋の手入れ用の建材や器具を、倉庫タイプの店舗で販売するアメリカ最大のホームセンターチェーン。

るものをベストプライスで入手できるため、アマチュアだけでなく住宅建設のプロも一部ではここで調達するようになっているのです。

このようなシステムはアメリカですっかり定着し、現在ではホームデポと同様の小売店が出現してこれに対抗するという競合の段階に入っています。

中国においても、アメリカとは違った仕組みではありますが、建材の流通は合理的にでき上がっています。

中国では建物を売る場合、内装は全くしてありません。例えば、マンションはただ配管がしてあるだけですし、マンション購入者はそれを買って、あとは自分たちの好みの設備や内装などを自分たちで調達し、住まいを仕上げるわけです。

住宅購入者がそのようなことができるのは、建材市場が非常に発達していて、町の一角にまるでホームデポの原型のようなマーケットがあるからです。ここにはプロも素人《しろうと》も建材を買いに来るのですが、ここに来ればたとえ素人でも何がどんな値段で売られているかすぐに分かります。

この中国の建材市場は古くからのものではありますが、消費者が直接接点を持つという意味ではホームデポと同様の機能を果たしており、究極の流通システムだと言えそうです。

最近の上海《しゃんはい》などでは、この究極の流通システムに加えて、ドイツやフランスなどの流通専門不動産会社が入ってきて、さらに便利になっています。

一つの建物がまるごと建材のマーケットになっており、その最上階にはインテリアのデザイン事務所があります。消費者はまず最上階のデザイン事務所で希望に応じた図面を引いてもらい、それを持って下の階へ行くと、そこはフロアごとに専門分化した住宅資材のブースになっています。そこにはあらゆる住宅関係のメーカーが出店していて、それらをユーザーが比較検討し、そこで値決めをして資材を購入していくわけです。

小さい物ならその場で持ち帰れますし、大きな物は隣の倉庫からすぐに配達してくれるという具合になっており、そこへ行けば設計から品選び、そして購入まで、必要なものが全て揃います。しかも競争原理が発生しますから非常に安く済みます。

このように中国では、住宅に必要なものは全て消費者自らが選択できるシステムになっており、彼らの目から見れば、日本のように全てを業者任せにしているやり方は、不合理なものということになるでしょう。

以上のように、アメリカでも中国でも建材流通の優れたシステムが存在しているのに比較すると、日本はかなり遅れているのです。

## 「リモデル」市場を開拓

日本の建材業界の中で流通構造が変化する兆しの一つが、リフォームという言葉の一般化です。

日本の建築業界の現状を考えると、ホームデポのような、アマチュアからプロまで建材を買いに来るような小売店をと言っても、新築住宅の建設の場合、なかなか難しいでしょう。ところが、リフォームとなるとこのような小売店もかなり可能性がありそうです。

ただしリフォームには、例えばカギを付け替える、割れたガラスを取り替えるなどといった、ちょっとした修繕も含まれるのですが、「サービスはただ」

と考える日本では商売は成り立たず町の小さなリフォーム屋というのは三年経つと夜逃げをしなくてはいけなくなるとよく言われます。

三年も経ってそのコミュニティに知れ渡ってくると、ちょっとした修繕の仕事ばかりがあちこちから持ち込まれて、小さなリフォーム屋さんではその依頼をとてもこなせなくなってしまうため、夜逃げしなければならなくなるというわけです。

でも、このような小さな規模のものではなくもっと大きな仕組みを構築すれば、リフォームの分野で、建材業ももっとエンドユーザーに近づくことができるのではないかと私は見ています。

ちなみに、リフォームに代わってリモデルという言葉があります。両者はほぼ同じような意味なのですが若干ニュアンスの違いがあります。

建材の流通変革のキーワードとして私の意識の中にあったのは、リモデルという言葉のほうでした。

アメリカの住宅建設業界は、大別してビルダーとリモデラーという二つの業態に分かれています。ビルダーというのは新築を行うものであるのに対し、リモデラーというのはリモデルを行うものです。このように、住宅ストックの増えたアメリカではリモデルという言葉がもう定着しているわけです。

ＹＫＫ ＡＰが自社の主力ドメインとして製造・販売している窓、ドアといった開口部建材は、家という空間にとって様々な機能を果たしています。例えば、ユーザーの希望には、採光と遮光《しゃこう》、換気と気密、人の出入りと防犯といった、相反する機能を両立させたいというのが普通です。こうした機能は、窓やドアなど開口部の特徴です。

本当ならば、リモデルに際しては本格的な設計事務所が総合的に考えて行うのがいいのでしょうが、それをできるのはほんのわずかなユーザーだけにとどまるでしょう。

ですから、メーカーとしては必要なものをできるだけ多くパッケージにして提供し、多くのユーザーにとって利便性の高い提案をしていくべきだと考えているのです。

さて、ＹＫＫ ＡＰがこのたびＴＯＴＯ、大建工業とアライアンス（提携）を組み、リモデル事業に参加するに際し、まず明確にしておきたかったのは、リフォームという言葉とリモデルという言葉の遣い方です。そこで、この二つの言葉を以下のように定義することにしました。

我々はリフォームという言葉を、修繕、改修、取り替えなどを指す場合に遣うことにします。様々な動機から、窓やドアなどだけを取り替えるというときは、それをリフォームと呼ぶことにしたわけです。

これに対して、トイレ、バスルーム、キッチン、玄関、リビング等の部位について、その空間全体を変えるという場合があります。アメリカでは、このようなことを指す言葉としてリモデルが遣われており、我々も同様に定義したのです。

このような空間全体を変える場合、ＹＫＫ ＡＰ単独ではできません。そこで、アライアンスが有効となります。

将来的に、リモデル事業の流通が変革・熟成していくとき、我々の「リモデルパック商品」のようなパッケージがどのようなポジションを獲得しているかは分かりません。

しかし、このような試みは、メーカーからユーザーまでの複雑なプロセスを簡略化するための大きな一歩であり、それまでのようなメーカーによる縦系列の供給体制を壊して、メーカーがユーザーへと近づいていくきっかけになると、私は考えているのです。

## 中国市場の魅力とリスク

この項からは、今後の海外展開についてお話ししていきます。

これからのYKKにとって重要になってくるのが海外、とりわけ中国市場です。中国はファスニング、建材ともに重要なカギを握る地域ですが、まず、建材事業について考えてみたいと思います。

建材事業の海外展開は、最初にシンガポール、続いて香港に進出し、インドネシアに一貫工場をつくったところまでが第一段階だと言えるでしょう。それ以降、アメリカ、台湾、マレーシアなどへ展開していき、現在では七カ国に進出しています。

YKK APにとって中国進出は、最初が大連《だいれん》の樹脂サッシ事業、続いて深圳《しんせん》のアルミサッシ事業でした。大連では三年目、深圳ではまだ一年目ですが、この二つの事業はいずれも中国内需向けのもので、樹脂やアルミの押出材はこれらの工場で生産していますが、現在のところ、それ以外で必要な部品を日本から送ったり現地で調達したりしています。

先代の時代からＹＫＫの海外展開では地域密着ということを大方針としており、その国の市場で競争することを前提としていました。ですから、建材事業においても海外展開はそれぞれの国のローカル市場へ打って出るためでした。しかし、現在では少し考え方を変えざるを得なくなってきています。

建材事業全体についてのテーマは収益の拡大だったわけですが、日本の現状を見てみると、住宅用建材・ビル用建材ともにパイが小さくなるだけでなく競争が激化しています。このような状況では当初の目標を達成することが難しくなってきています。

そこで、展開の仕方を変えて日本を含めたネットワーク化を進めれば、新たな可能性が見えてきます。

こうした動きとして典型的なのは、最近、中国の蘇州《そしゅう》で始めた建材部品工場です。

窓としての機能がきちんと果たせるかどうかを左右するのは部品と言えます。中国の市場は急速に拡大しており、そうなると、やはり部品にも力を入れなければならないわけです。蘇州で部品工場を始めたのはこれが主な理由でした。

ただ、蘇州の工場にはそれ以外の戦略的な狙いもあったのです。それは、国際的な水平展開を考え、日本を含めたアジアはもちろん、全世界のＹＫＫ ＡＰの建材部品を全てこの工場から供給できるようにするということでした。

中国で商売するのならば、生産コストを削り、製品の値段を抑えなければ勝負になりません。製品の値段をもし半分に、あるいは三分の一にと考えたとき、つくり方もつくる場所も全て変えなければ不可能です。端的に言えば、中国で材料を調達し、中国で加工し、中国で完成するならば、中国で競争力を持てるだろうという発想です。

また、そのような低コストでの生産が可能となるのならば、ここでの工場を世界的な戦略拠点にできるはずだということなのです。

ところで、中国市場で戦うには、ＹＫＫ ＡＰの競合相手となる企業を考えてみる必要がありますが、これは商品の対象となる建築物のレベルによって違ってきます。

まず、超高層ビルのカーテンウォールなどでＹＫＫ ＡＰの競争相手となるのは、アメリカ、ドイツ、オーストラリア、そして日本の企業で、その数は両手で数えられる程度に限定されるでしょう。超高層建築の場合、デザインのみならずエンジニアリングが重要で必ずそういうチームが組織されます。建築家でさえカーテンウォールなどでは経験豊富な企業を頼りにしますから、こうした建築ではそれだけ高度な技術を持っている数社に市場が占められていくわけです。

このような高級高品質の競争の場合はある程度限られた数の企業との競争になるわけですから、中国などの市場へ行っても充分に戦えることになります。

ところが、汎用品*となるとそうはいきません。そのようなレベルではローカルにも競合相手は多数あり、中国ではそれこそ山のように競合他社がひしめいています。つまり、ハイエンド（最高級）の製品では海外でも比較的容易にス

**汎用品**

用途が特定していない、いろいろな用途に使われる商品。

タートできるのですが、汎用品では厳しい競争にさらされることになるのです。中国でYKK APがどれだけの業績を伸ばせるのかは、今後この国の市場がどれだけ品質の高いものを要求するようになるかにかかっていると言えるでしょう。

現在の中国で、窓のユニットの最も需要のある製品は、残念ながらYKK APが得意としている品質レベルより下のものです。この層の金額のボリュームは大変大きいのですが、品質が低い代わりに安いものを求めてくるマーケットは、まずYKK APの対象とはできません。

こうした現状が変わり、最も金額的なボリュームのある層が我々の守備範囲としている製品レベルのものを要求するようになれば、中国市場はこれから大きく伸びる可能性があります。その反対に、現状のままならば中国市場はYKK APにとってあまり大きく業績を伸ばせないことになります。

例えば上海などの大都市では、超高層ビルが今後も多く建設されていくでしょう。そのような建築を請け負うディベロッパーは窓の品質にも欧米や日本並みの基準を要求しますから、YKK APにとってこれはくみしやすいでしょう。

ですが、もっと一般レベルのビルや住宅などが今後どのような品質を求めるようになるのかは、予測しがたい部分があります。

同じ海外でも、シンガポールの場合は、住宅などでもレベルの高い規格をつくっていったので、ＹＫＫ　ＡＰも大きく業績を伸ばせました。でも、今後中国がシンガポールのような規格化を行うかどうかは分かりません。

また、仮に高いレベルの規格化を行ったとしても、本当に規格を守り、そうした製品を一般化させるようなマーケットかどうかも分かりません。

現に、ＹＫＫ　ＡＰが大連で*樹脂サッシをつくるようになった後、この地域では技術のない人たちまでが非常に質の低い樹脂サッシをつくり始めました。このため、中国では樹脂サッシと言えば、悪いものの代名詞のようになっているのです。

この例を見ても、中国での建材事業は一筋縄《ひとすじなわ》ではいかないことが分かります。

建材という分野は、意外とローカルな事情に左右されやすい産業ですので、中国での今後には予期できない要素が多々あるというのが現実です。現状では、

**樹脂サッシ**
プラスチック製のサッシ。

外国人が住むようなところでは欧米や日本並みの高品質の製品を求めるようになっていますが、中国の人たちの多くが自分たちの住むところにまでそのような高級品を望むようになるかというと、ちょっと予測がつかないのです。

ですから、ＹＫＫ　ＡＰが中国へ進出し工場を次々と建設しているのも、中国市場だけを考えれば、リスキーな部分もあるのです。

それでも、これだけの投資を行っているのは、中国という市場が巨大であり、それだけのリスクを冒すだけの魅力を持っているからなのです。

## ファスナーは中国市場のボリュームゾーンを狙う

次に、ファスニング事業について、これからの中国をどう考えているのかお話しします。

ファスナーに求められる品質や価格は国によって違います。欧米や日本では高品質な製品が求められますが高い価格で売れます。ＹＫＫは日本や欧米で他企業との競争に打ち勝ってきましたし、高品質で高価格のハイエンド層では自信を持っています。

ですが、南米やアジアなどではそれほどの品質は求められない代わりに安価であることを要求されます。吉田忠雄の時代から続く我々の思想は量こそがコスト低減の大前提というものですから、その下の品質の製品に大きな需要層があるのなら、それを捨てるということはあり得ません。

そこで、各国のファスナー市場において大きな需要層、すなわちボリュームゾーン*がどのあたりにあるのか、そしてどのように対応していけるのか、それを確かめて事業を進めていくわけです。

その一番良い例が中国です。

ＹＫＫではファスナーの生産拠点を中国につくりましたが、これは欧米用の最終製品を加工輸出するために必要なファスナーの工場で、それまで欧米にあったものを中国へ移し、コスト削減を狙ったわけです。もちろん中国へも製品を供給していますが、元々欧米向けを想定していますから、その製品は欧米の品質が前提となっていて中国向けとしては価格が高くなります。

ところが、中国市場のボリュームゾーンはこのようなハイエンドではなく、

**ボリュームゾーン**
販売の主力となるような価格帯の商品。

もっと下にあります。

もし、その市場があまり大きくならないのならば、元々輸出用に拠点をつくっていたのですから、このボリュームゾーンを無視することもできるのですが、中国の場合には大変に大きく育つことが見込まれます。

そうなると、我々としても中国のボリュームゾーンへとチャレンジしていかなければなりません。

今まではハイエンドに向けて中国の体制をつくってきましたが、これからは中国のボリュームゾーンを狙って体制をつくっていくことになります。これが、中国市場に関する、現在のテーマです。

中国市場での競争相手は、中国と台湾の企業を合わせて一〇〇〇社近くにものぼります。その中の一%ほどの企業は大きな起業家精神と事業欲を持っていて、YKKをモデルに、大規模投資をして大量生産の工場をつくりつつあります。彼らの生産技術や商品レベルにはなかなか侮《あなど》れないものがあり、ちょうど八〇年代の欧米や日本のレベルにあります。

八〇年代にファスナーの国際競争でYKKに敗れた欧米の企業は、機械をどこかに売りました。実は、その機械が台湾などで大量にコピーされていて中国に流れ込んでおり、それらを使って彼らは大量生産を行っているわけです。

ですから、彼らのカタログを見ていると、まるで二〇年前のＹＫＫのカタログそのままを見るようなのです。

中国のマーケットでは、現在、ハイエンドとボリュームゾーン、そしてどうしようもない粗悪な安物とが混在している状態です。

さらに、ボリュームゾーンを詳細に見れば、まず中国の中のハイエンドがあり、中級のボリュームゾーン、低価格のボリュームゾーンと分かれています。

中国や台湾の意欲的な企業では、当然、中国の中のボリュームゾーンを狙っています。彼らの商品も、今は世界に輸出することを狙っているのではなく内需のみです。しかし、彼らがもっとハイエンドへと向かいデザイン力をつけるなどしてくると、中国コストのアパレルが世界中に輸出されるようになる可能性があります。

そうなれば、我々はこれを迎え撃たなければなりません。

現在、ＹＫＫはファスナーにおけるグローバルなスタンダードを持っていると思います。

ですが、グローバルなスタンダードとは違うアジアのスタンダードがあると認識し、そこへ向かってチャレンジしようとしているのです。

## 国際マーケティンググループの役割

ファスニング事業の海外展開においてもう一つ重要なことは、グローバルアカウント（多国籍企業）への対応です。これまでのように現地国で交渉や契約を行い、現地で商売していくだけでは、グローバルアカウントにはとうてい対応できなくなってきたのです。

例えば、ナイキやアディダス、GAP《ギャップ》などのグローバルアカウントでは、世界中に商品を販売し、その商品を世界中で生産しています。GAPの場合では現在四五カ国で商品を生産しているのですが、こうしたグローバルアカウントがファスナーを発注する場合、その四五カ国で全てスペックが決まっているわけです。品質、コスト、そして納期もあるレンジでのスペックがあり、それまでは、そのスペックを守れるところに発注していました。

ところが、ファスナーはそれが壊れてしまうと商品として成り立たないという極めて機能性の高い部品ですから、もしわずかでもファスナーが壊れてしまえばそれが全て返品されてしまい、アパレルメーカーとしては大きなダメージとなります。できるならば、自社の商品に使うファスナーを世界中で完全に同一品質に揃えることが望ましいわけです。

そこで、グローバルアカウントでは一社で世界中のファスナーを同一スペックで供給できないものかと考えるようになってきたのです。

そのファスナーメーカーとしてＹＫＫに白羽の矢を立て、最初に打診してきたのは、アディダスでした。

あるとき、アディダスのチェアマンが突然、私に会いたいと連絡してきました。その日は富山県の黒部《くろべ》市にいると伝えると、彼は黒部まで来ると言い、国際便から日本の国内便を乗り継ぎ、本当に黒部まではるばる足を運んで来たのです。かなり急なことで、そのときはたまたま航空会社のストにぶつかってチケットの手配が難しく、エコノミークラスで来たと話していました。そのため、本当に疲労困憊《こんぱい》の様子で富山に辿り着き、「とにかく髭だけは剃らせてくれ」という状態でした。

そして、翌日の朝食会で切り出されたのが、全世界のアディダスへＹＫＫ一社が同一スペックでファスナーを供給するという話だったのです。

これは嬉しいような話ですが、実は、大変に難しい問題を孕《はら》んでいます。この契約を結べば、実際に製品を供給するのは各国の現地法人です。すると、その法人ではそれまでつくっていたローカルな企業向けの製品と、グローバルアカウント用の製品の両方を扱うことになります。ところが、この二種類の製品は全てにおいてとんでもない違いがあるのです。

世界中に同一スペックで供給すると、言ってしまえば簡単に聞こえますが、そうはいきません。現実には各国ごとに物価も違いますしアパレルの事情も違っていますから、製品のレベルも価格も納期も、各国ごとに違います。それを世界で全て一律にしようというのですから、国によっては大変な無理のかかる場合も出てきます。

また、ファスナーを納める現地の縫製工場についても問題が起こり得ます。

その工場がアディダスの製品だけをつくっているのなら問題はないのですが、実際には別のものもつくっているわけです。国によっては、他の製品用のファスナーに比べて、アディダス用のファスナーの納期は短くなり、価格も安くなってしまいます。そうなれば、その縫製工場では、「アディダス用にできるのならば、他の製品の場合も同じようにできるはずだ。アディダスと同じようにしてくれ」と言い出すのは目に見えています。

そうなると、ＹＫＫの現地企業がその国で築いてきた利益構造の全てが破壊されてしまうのです。

このようにアディダスとの契約を結ぶと難しい問題が発生することが予想されましたが、今後ますます進展すると思われるグローバリズムのことを考えると「ノー」とは言えませんでした。

また、世界中に同一規格のファスナーを供給するという役割は、現時点においてトップの世界シェアを持ち、世界の最も広範囲で生産拠点を展開しているＹＫＫでなければ果たせないかもしれません。

そのように考えて、グローバルアカウントの要請に応えることを決断したのです。

これまでのＹＫＫはローカルを大切にしてきました。でも、グローバルアカウントの動きを見ていると、これが今後益々大きなマーケットになる可能性があります。そこで、これまでのようにローカルを大切にする一方で、こうしたグローバルアカウントとも積極的に仕事をしていこうと考えたのです。

アディダスを皮切りに、ナイキやＧＡＰなどとも同様の契約を結ぶことになりました。そこで、こうしたグローバルアカウントを担当し、予想される問題点を解決するために、国際マーケティンググループをつくり対応することにしたのです。

要求されているスペックをクリアするためには、生産設備の底上げが必要な現地企業もありました。これまでは、賃金の安い国にはその利点を活かすようなやり方をするために、比較的技術の低い機械で生産していたのですが、それを先進国で用いているものと同じ機械を導入し、同じ型、同じ材料、同じやり方で生産するように変えていったのです。

これがここ一〇年に起こった変化でした。

このような努力を行うことは現地企業にとって、実力を向上させることに繋がります。そうなれば、ローカル用の製品についても底上げされます。現在は苦しい状態ですが、これを乗り切れた現地企業はグローバルなマーケットを対象にできる非常に良い会社になれますし、この変化について来られない企業はグローバルを捨ててローカルのみを対象にして生きていくしかありません。

つまり、現地企業にとって、今回のグローバルアカウント用の製品供給は、今後どのような企業となるかの分岐点となっているのです。

## 本社をコンパクトにして機能を高める

ここからは、現在進行中のYKKグループ全体の再編についてお話しします。まず本社についてですが、YKKグループというかなり大きな組織形態を煮詰めて、本社というのはどうあるべきなのか考えると、それは非常に小さなものであるべきだと、私の考えは固まってきています。

まず、ファスニング事業、建材事業の独立性を高め分権化を進めます。そして、この二つを本社機能から切り離し、さらには経理や福利厚生、庶務などの間接業務も本社から切り離すことで、本社をコンパクトにし、その機能をグループ全体の運営に関わるものだけに限定することで、機能強化を図ろうと考えています。

これまでYKKに属していた建材生産部門である建材事業本部を切り離してYKK APと一体化することはすでにお話ししました。経理、人事、総務など間接部門についてもYKKビジネスサポートという新しい子会社を二〇〇三年の四月に設立し、そこへその機能を移しました。

本社機能として残したのは、経営企画室、国際事業推進室、グループ経営センター、研究開発センターなどで、これにより本社の人員は従来の約三分の一に当たる一六〇名程度になりました。

オフィスについてですが、現在の本社はJR秋葉原駅の近く、千代田区神田和泉町《いずみちょう》という場所にあるのですが、会社機能の再編に伴い、今後、本社もどこかへ移転ということもあるかもしれません。

その場合、本社の機能は非常にコンパクトなものとなりますから、場所はどこでもかまいません。極端な話、現在のような自社ビルを持つ必要はなく、どこかのビルにテナントとして入ってもいいと思っています。会社の業績が悪化したのか、などというあらぬ疑いを持たれないのならば、本当にそれでも構わないのです。

現在のように、会社がいろいろと変わってきて、各事業の機能が複雑になってくると、ファスニング事業、建材事業などで必要となるオフィス面積も広くなり、しかも、各事業での都合を考えるとどのようなオフィス形態が便利なのかという条件が違ってきています。そうなると、それらを一カ所にまとめておくのが難しくなってきているのです。

例えば、ファスニング事業ではすでに本社に収納しきれない部署が出ており、そのため、現在では新宿のビルにフロアを借りて、オフィスを開いています。ここには、ファスニングでナイキ、アディダス、GAPなどのグローバルアカウントを担当する人たちが世界中から集まってきます。このような拠点が香港やニューヨークにもあるのですが、日本では、新宿がそのために適した場所だったわけです。

このほか、建材ならばエクステリア*の部門、ビルの部門などにもオフィスを必要としている部署があるのですが、これらも同様にして、それぞれの仕事の特性に合った場所を探すように指示しています。

このような部署も、かつてならば本社に機能を集中していたところですが、これほど広範な機能を必要とするようになってくると、それにも無理が出てきているわけです。そこで、本社機能と各事業の機能を分けて、それぞれの都合でオフィスを構えるほうがいいと考えているわけです。

このように、本社はあくまでもヘッドクォーター（本部）としての機能のみを残せばいいわけで、その機能を再編し、機能をより高めようとしているのです。

## 世界六極体制へ

ＹＫＫグループは、グローバリズムの進展している現状に合わせて、国際分業の体制を整えていこうとしています。

**エクステリア**

門扉、フェンス、サンルーム、バルコニー、カーポートなど、屋外で使われる建材商品。

例えば、ファスナーというのは基本的に洋服やカバンなどのファブリックを繋げる道具で、商品の部品に過ぎず、商品全体の製造コストから見れば、ファスナーにかかるコストは一％からせいぜい五％ほどでしょう。でも、ファスナーが壊れれば、洋服にせよカバンにせよ、商品そのものがダメになってしまうという重要な機能を担っていますから、アパレルメーカーなどのお客様にとっては非常に大事な部品であり、インフラだと言えます。

ＹＫＫでは世界中で同じ品質のものを提供するために、生産拠点が世界中にどんどんと広がっていきました。冷戦が終結し、さらにＩＴの時代を迎えたことなどにより、昨今のようなグローバリズムが進行すると、世界的な分業化が加速しています。ことにファスナー事業は、アパレルがミシン一台あれば縫製作業ができますから比較的容易に生産拠点がつくれるという事情もあり、世界中が製造拠点化してきているのです。

昔はアパレルにしてもファスナーにしても、消費国イコール生産国という図式で、例えばアメリカの市場ならばアメリカ国内で販売も生産も行うという体制で、ＹＫＫは進出していました。ところが現在ではこの図式は崩れ、消費国と生産国は分けて考えなければならなくなっています。ヨーロッパのアパレルなどがその典型で、北ヨーロッパは消費、南ヨーロッパがデザイン開発、そして生産拠点が中東や北アフリカという体制になってきています。

こうした動きに合わせて、ＹＫＫもビジネスをやっていかなければいけない時代に入っているわけです。アメリカ向け製品の生産拠点の場合、七〇年代にはアメリカ南部に移動し、今はメキシコやカリブ海地域が中心になり、さらには中国へと移りつつあります。ヨーロッパの場合、我々の顧客であるアパレルの生産拠点がアフリカなどにあるわけですから、我々もそこへ追いかけていって供給しなければいけないということなのです。

つまり、お客様であるアパレルが世界中へと分業し展開しているので、アパレルにとってインフラであるファスナーも同様にグローバルな展開を求められ、世界中どこにでも供給する体制をつくらないとお客様の要求に応えられない状態にあるわけです。

ＹＫＫにはこれまでに積み上げてきた信用があります。それはずっと変わらずに基本としてきた経営思想により築いてきたものですが、時代が変わっても、この信用を傷つけるわけにはいきません。その一方で、このようなグローバルな時代に入り、お客様の要求に応えるにはテクニカルに対応しなければいけない面もあります。

この二つを両立させることが現在の課題となっており、これを円滑に進めるために行ってきたのが世界六極体制の構築です。

これは世界を六つのブロックに分けて、ブロック内での分業化を図ろうというものです。六つのブロックとは、北中米、南米、ＥＭＥＡ（欧州、中東、アフリカを包括した地域）、東アジア、ＡＳＡＯ（ＡＳＥＡＮ、南アジア、太平洋州を包括した地域）、そして日本の六つです。

アパレル業界の分業化に合わせてＹＫＫも分業化を図り、営業、生産、商品開発を別々の国で円滑に行えるような体制へと変革していったわけです。

この体制はファスニング事業だけでなく、建材事業についても同様に当てはまります。現在のところ、建材事業では国内が中心となっていますが、今後は海外事業についての発展が見込まれており、さらにはコスト面での有利さを求めて、海外を含めた分業化を考える時代になっているからです。

現在のようなグローバリズムの時代にあっては、それに合わせて経営体制を整えることがこれからのＹＫＫにとってますます重要になりつつあるのです。

ここまでお話ししてきましたように、世界は刻々と変化を続けており、それに対応してＹＫＫグループも変わっていかなければなりません。

とは言え、このように時代の変化に対応しながらも、創業以来の精神を見失わないことが大切だと私は考えています。

カリスマから受け取ったバトンを、私を含め、一人ひとりの社員がしっかりと自分のものとしていく――。

これがＹＫＫのコーポレート・バリューを高める近道であり、これからもＹＫＫが顧客の利益となる企業であり続けるためのカギだと思うのです。

# 解説　ＹＫＫとミッション経営

慶應大学経営大学院教授　小野桂之介

いま、日本の社会がおかしい、これではいけないと、多くの人が思い始めている。単に不良債権と財政破綻の中で経済の低迷が続いているというだけのことではない。さまざまな産業分野で不祥事が相次ぎ、一流大企業の経営者が陳謝したり、辞任に追い込まれたりする。見た目はきれいでも危険な食品や不当表示が市場に溢れ、我々の日常生活を不安なものにしている。もの余りの時代と言われるようになって久しいが、なかなか豊かさを実感できない。

こうした問題は、いろいろな要因が複雑に絡まって引き起こされているに違いないが、ビジネス活動において利益追求（金儲け）だけが突出した行動原理になり、分業の進んだ社会の中でそれぞれの企業が本来どのような役割を果たす「仕事」をしているのかという経済活動の根本に関する意識が薄れてきてし

**ミッション経営研究会**

ミッション経営（13ページ脚注参照）の実践法を探索していく研究会。経営者を会員とし、小野桂之介、根来龍之（早稲田大学教授）をコーディネーターとして運営。月一度の定例会のほか、年に一度のシンポジウムなどを開催。
http://www.mission-driven-management.com/

まったことに共通の根っこがあると思われる。

各企業が本来担っているはずの社会的役割（ミッション）を中心に据えた経営を取り戻す必要があると考え、数年前から機会あるごとに「ミッション経営」を唱えてきた。また、四年ほど前に、東洋経済新報社の後援を得て、「金儲けだけでない企業活動」を志す経営者をメンバーとして「ミッション経営研究会」を[*]という名の月例勉強会をスタートした。また、二年前から、ミッション経営を実践している優れた経営者を同研究会が表彰する「ミッション経営大賞」[*]なるものも発足させていただいた。

ＹＫＫは、日本企業の多くが、オイルショックに揺れ、バブルに踊り、長引く不況と国際競争激化に翻弄《ほんろう》され品性を失ってきた中で、長年にわたってミッション経営を貫いて来た数少ない会社の一つである。そうした認識から、ミッション経営研究会は、本書の著者である吉田忠裕社長に第二回のミッション経営大賞を贈呈した。（第一回受賞者は、堀場雅夫・堀場製作所会長）

本書の中で著者自身が触れているように、ＹＫＫのミッション経営の根幹をなすのは、創業者吉田忠雄が主張し実践した『善の巡環』という経営理念であ

**ミッション経営大賞**

12ページ参照。選考委員会は、小野桂之介のほか、毛利衛（日本科学未来館館長）、浅野純次（東洋経済新報社会長）、根来龍之（早稲田大学教授）で構成。

る。『善の巡環』は、まず「努力と貯蓄の精神」から始まる。人類は努力と貯蓄を積み重ねることによって発展してきたと考えた吉田忠雄は、全従業員に「努力と貯蓄」を呼びかけ、自らも率先してそれを実行した。

「よい製品を安くつくる」ために知恵をしぼり、それが実現すると、その効果を顧客、取引先、自分たちの三者で分け、自分たちに配分された分の一部を内部留保や貯蓄に回す。同社では、長年にわたり社内預金制度を設けて従業員に月給やボーナスの一部を貯蓄させ、さらに、たまった貯金で自社の株式を取得することも奨励してきた。

この自社株取得制度の背景には、「従業員自身が会社（株式）の所有者であることが理想」という吉田忠雄のもう一つの信念があった。社内預金と自社株取得を通じて集まった資金は、同社の積極的な生産設備投資を支えてきた。この積極的な設備投資は単なる能力拡張投資だけでなく、むしろ設備の技術革新に合わせた近代化・改善投資に対して重点的に向けられてきた。ＹＫＫがこうして積極的に設備投資をすることは、設備メーカーの発展という一種の社会貢献を生み出すと同時に、その結果生まれる設備の進歩はＹＫＫ自体に品質の向上とコストダウンという恩恵をもたらす。

ＹＫＫは、品質至上主義をモットーとする企業であるが、それと同時に、実現されたコストダウンによって販売価格を抑制することにも努めてきた。たとえば、千載一遇のチャンスという社内文書まで登場し便乗値上げが相次いだ第一次オイルショックの時も、「利益は額に汗して産み出すもの」と考える同社は製品価格を上げなかった。こうした品質向上と価格抑制の努力は、それまでボタンや紐を使っていたいろいろな分野でファスナーの用途を広げることによって総需要そのものを増大し、同社の生産販売高を伸ばしてきた。

そして、その結果増大する利益が、一方では納税額の増大というかたちで社会に貢献するとともに、賃金等の引き上げと配当増加を通じて従業員の収入増につながり、その一部がまた貯蓄（社内預金と自社株取得）されるというかたちで『善の巡環』は成立してきた。

カリスマ創業者のあとを受けてＹＫＫグループを率いることになった現社長の吉田忠裕氏は、本書の中でも再三述べているように、この『善の巡環』の基本理念を変えることなく受け継いでいこうとしている。しかし、基本理念は不変でも、それを現実のビジネスで実践する際の活動形態は、二つの理由から変化を迫られる。

変化を求める第一の要因は、時の流れと共に発生する経営環境の変化である。顧客や従業員のライフスタイルや労働慣行、業界の競争構造、生産技術や情報技術などが変化すると、関係者全体にとって望ましい『善の巡環』の実践形態も変わってくる。

変化を求める第二の要因は、事業活動の国際化である。今日現在という同じ時を生きていても、日本、中国、東南アジア諸国、南西アジア諸国、米国、中南米諸国、欧州諸国、中東諸国の社会は、それぞれ異なった価値観、規範、ライフスタイルをもって生活している。『善の巡環』という基本理念をそれぞれの意識の中でどのような言葉と論理で受けとめるかという点で、すでにかなり複雑な比較文化的問題を内包している。まして、雇用慣行、収入の分配や貯蓄の方法といった、より具体的な活動形態について全世界統一方式で動くはずもないことは一層明らかである。

カリスマ創業者のあとを受け継いだ吉田忠裕氏の課題もまさにここにあっ

た。そして、吉田氏は、本書で詳しく述べているように、この難しい課題に正面から、じっくり取り組み、時間をかけながら、果敢な改革を進めてきた。そして、その戦いはいま現在まだ進行中である。

経済活動の大半を企業が実行している今日《こんにち》、企業経営者がどのような意識と気概をもってそれぞれの企業をリードするかによって、社会は、比較的短期間の間にも大きく変化する可能性がある。本書が一人でも多くの経営者やこれから経営者を目指す人たちに読まれることを願っている。

**写　真**

| | |
|---|---|
| 1ページ | 吉田忠雄記念室の「善の巡環」の額 |
| 14ページ | ＹＫＫ50ビル内の「創業5人の像」。中央が吉田忠雄 |
| 50ページ | 黒部事業所　ファスナー製造工場 |
| 99ページ | ファスナーを構成する引き手部分「スライダー」 |
| 100ページ | 黒部事業所　建材製造工場 |
| 126ページ | 2002年11月のミッション経営大賞表彰式。<br>左が著者、右が小野桂之介氏 |
| 159ページ | アルミ製造ライン |
| 160ページ | ＹＫＫ50ビル |
| 196ページ | ＹＫＫグループ世界拠点図 |

## 著者紹介

1947年（昭和22） 富山県魚津市生まれ.
1969年（昭和44） 慶應義塾大学法学部卒業.
1972年（昭和47） ノースウエスタン大学ビジネススクール（ケロッグ）修了，吉田工業入社.
1978年（昭和53） 取締役に就任.
1980年（昭和55） 専務取締役に就任.
1985年（昭和60） ファスナー事業本部長，管理本部長を兼ねる．取締役副社長に就任.
1986年（昭和61） 父・吉田忠雄氏が脳血栓で倒れる．直後から代表取締役副社長となり社長代行を務める.
1987年（昭和62） 米国ユニバーサル社買収.
1989年（平成元） カプルスと提携.
1990年（平成２） 吉田商事を改組しYKKアーキテクチュラルプロダクツ（現YKK AP）を設立，同社社長に就任.
1992年（平成４） 黒部商工会議所の会頭に就任（～2001年）.
1993年（平成５） 吉田忠雄氏逝去．YKK社長に就任.
1994年（平成６） 社名を吉田工業からYKKに変更.
1999年（平成11） 会長も兼務.
2001年（平成13） YKK APにY販43社を吸収合併.
2002年（平成14） ミッション経営大賞を受賞

YKKグループホームページ　http://www.ykk.co.jp/

脱カリスマの経営

2003年７月３日 第１刷発行
2003年７月15日 第２刷発行

著　者　吉田《よしだ》忠裕《ただひろ》
発行者　高橋　宏

発行所　〒103-8345 東京都中央区日本橋本石町1-2-1　東洋経済新報社
電話 編集03(3246)5661・販売03(3246)5467 振替00130-5-6518

印刷・製本　丸井工文社


Printed in Japan　ISBN 4-492-50109-6　http://www.toyokeizai.co.jp/